GIN & TONIC

琴通寧雞尾酒
完美調配全書

佛雷德利‧杜布瓦（Frédéric Du Bois）
&伊莎貝爾‧布斯（Isabel Boons）

 積木文化

Gin & Tonic琴通寧雞尾酒完美調配全書

原 書 名　Gin & Tonic: The Complete Guide for the Perfect Mix
作　　者　佛雷德利‧杜布瓦（Frédéric Du Bois）&伊莎貝爾‧布斯（Isabel Boons）
譯　　者　李雅玲
審　　訂　鍾偉凱
特約編輯　陳錦輝

總 編 輯　王秀婷
責任編輯　王秀婷
編輯助理　梁容禎
行銷業務　黃明雪、林佳穎
版　　權　徐昉驊

發 行 人　凃玉雲
出　　版　積木文化
　　　　　104台北市民生東路二段141號5樓
　　　　　電話：（02）2500-7696　　傳真：（02）2500-1953
　　　　　官方部落格：http://cubepress.com.tw/
　　　　　讀者服務信箱：service_cube@hmg.com.tw
發　　行　英屬蓋曼群島商家庭傳媒股份有限公司城邦分公司
　　　　　台北市民生東路二段141號11樓
　　　　　讀者服務專線：(02)25007718-9　24小時傳真專線：(02)25001990-1
　　　　　服務時間：週一至週五上午09:30-12:00、下午13:30-17:00
　　　　　郵撥：19863813　戶名：書虫股份有限公司
　　　　　網站：城邦讀書花園　網址：www.cite.com.tw
香港發行所　城邦（香港）出版集團有限公司
　　　　　香港灣仔駱克道193號東超商業中心1樓
　　　　　電話：852-25086231　　傳真：852-25789337
　　　　　電子信箱：hkcite@biznetvigator.com
馬新發行所　城邦（馬新）出版集團Cite (M) Sdn Bhd
　　　　　41, Jalan Radin Anum, Bandar Baru Sri Petaling,
　　　　　57000 Kuala Lumpur, Malaysia.
　　　　　電話：603-90578822　　傳真：603-90576622
　　　　　email: cite@cite.com.my

封面設計　陳春惠
內頁排版　薛美惠
製　　版　上晴彩色印刷製版有限公司
印　　刷　東海印刷事業股份有限公司

城邦讀書花園
www.cite.com.tw

2021年3月2日 初版一刷　　　　　Printed in Taiwan.
售價／NT$880元
ISBN 978-986-459-268-5
版權所有‧翻印必究

國家圖書館出版品預行編目資料

Gin & Tonic 琴通寧雞尾酒完美調配
全書 / 佛雷德利‧杜布瓦 (Frédéric
Du Bois), 伊莎貝爾‧布斯 (Isabel
Boons) 著；李雅玲譯 -- 初版 --
臺北市：積木文化出版：英屬蓋曼
群島商家庭傳媒股份有限公司城邦
分公司發行，2021.03
　　面；　公分
譯自：Gin & Tonic : The complete
　　　guide for the perfect mix
ISBN 978-986-459-268-5(平裝)

1. 調酒

427.43　　　　　110001133

THE COMPLETE GUIDE
FOR THE PERFECT MIX

GIN
&
TONIC

琴通寧雞尾酒完美調配全書

此圖示表示能夠造訪該酒廠

「琴通寧拯救的英國人
身心，比帝國所有醫師
加起來更多。」

——溫斯頓‧邱吉爾（Winston Churchill）

前　言

「我喜歡大型派對，
氣氛是如此融洽，
小型派對則從來沒有任何
隱私可言。」

　　就像喬丹・貝克（Jordan Baker）這個角色一樣——
該角色在2013年的電影《大亨小傳》（*Great Great Gatsby*）
由伊麗莎白・戴比基（Elizabeth Debicki）飾演*——我們
知道如何舉辦一場派對。別誤解我們的意思，跟幾位朋
友親密聚會並沒有錯，但是在本書中，我們會竭盡全力
不讓任何人少喝到，我們不在乎你將在何處與誰喝琴通
寧；我們有興趣的是你如何喝下琴通寧，從你杯中流淌
出的酒液應該在你舌上舞動沒有極限，應該讓你激動萬
分。所以……讓派對嗨起來吧！
　　我們將走進無人涉足的領域，我們的書將回答那些

---

* 《大亨小傳》作者費茲傑羅（F. Scott Fitzgerald）是聲名狼籍的琴酒愛
　好者。

8

對琴通寧充滿熱情、脣上仍燒灼著酒液的人腦中仍在思考的問題：「我要使用哪款琴酒來搭配通寧水，要添加什麼樣的調酒裝飾物？」好吧，讀完這本書之後，你將能夠以口感無比美好的琴通寧使你的朋友和敵人驚嘆不已：以正確的器具完美調製，加上風味極佳而亮眼的裝飾！

在整本書中，你將探索超過50款通寧水和110款琴酒，而在書的最後，你會發現一本無所不包的「琴酒百科全書」。

這本書向這款廣受歡迎的調酒致敬，是你追求終極琴通寧的指南。首先，我們會即時帶你回溯時空，透徹瞭解琴酒，然後我們才能繼續旅行，將你帶到通寧水的國度閱讀和學習。然後，我們將帶你一探琴通寧之間水乳交融的戀情，我們將為你提供豐富的資訊、指南和感受，向你展示如何找到理想的搭配，並在調酒中放上最合宜的裝飾物。

為了使派對更加圓滿，我們將提供各種與琴通寧搭配的餐點，你會發現我們最喜愛的調酒在任何情況下都能在家中享用，並且可搭配各種菜餚。我們集結18家必訪的酒吧，之後品嘗、探索和體驗便盡其在你。

本書適合那些從不提早離開派對，喜歡慢慢品酒的人；適合思想馳騁和渴望自由奔放的人；適合尋求靈感和資訊的人，或只想透過本書使自己愉悅飄飄然的人；適合尋找新歡或已經尋得所愛之人。

但最重要的是，本書適合那些充分揮灑熱情和生活樂趣的人。

敬我們所有人一杯！

琴酒：
歷史點滴

或者杜松子如何改變這個世界

　　在琴酒之前有genever或jenever兩種酒，在比利時以字首是j的jenever稱之，而在荷蘭通常稱為字首是g的genever。琴酒的歷史並非一帆風順：這是個充滿勇氣、災難和不幸的故事，也是一個創新、觀察和趨勢的故事，就這樣一直延續到今日。說起威士忌就聯想到蘇格蘭高地，蘭姆酒讓人聯想到海盜、航海貿易，還有西伯利亞冬日伏特加的私語，但琴酒的故事卻從中東傳播到歐洲和美國，它的歷史徹底改變了這個世界。

比利時或荷蘭人

　　我們最最鍾愛的琴酒，是基於一種起源於低地諸

「自然之花」

國（現為比利時和荷蘭）的著名酒類，雅各・凡馬蘭特（Jacob van Maerlant）於1269年所著的《自然之花》（*Der*

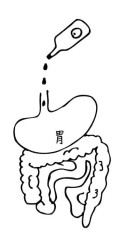

Naturen Bloeme）中首度提及杜松子，這本百科全書中讚揚杜松子的許多藥用特性，凡馬蘭特撰寫關於杜松子在葡萄酒裡煮過後，如何可以作為預防抽筋和胃痛的藥物。一世紀後，genever再次出現在小冊中，作為治療瘟疫的藥物，作者揚‧凡阿爾特（Jan van Aalter）也是首位提到jenever能帶來興奮感的人。儘管jenever在英國和美國都很有名，但雅各和揚都剛好是法蘭德斯人，直到今日這種酒由於源自低地國家的傳統，還是稱為「荷蘭勇氣」或「荷蘭琴酒」，在1585年的安特衛普圍城戰（Siege of Antwerp）中，許多人帶著珍愛的荷蘭琴酒一起逃到荷蘭。下一世紀的比利時面臨禁酒令的重擔，而荷蘭的黃金時代則即將來臨，使琴酒的生產方式得以進一步發展。

是的，我們可以……

隨著大眾對蒸餾法日益熟悉，並發現任何能發酵的原料都能拿來製造烈酒，一個充滿可能性的世界便得以展開。14、15世紀間，進行了許多熱烈的實驗，在波蘭和俄羅斯，他們歡天喜地的發現馬鈴薯的新用途；在愛爾蘭和蘇格蘭，他們忙於種植大麥；在低地國家，白蘭地是一種用於代表各式烈酒的詞彙。1492年的貨物稅報告顯示，許多穀物基底烈酒，尤其是裸麥，以蒸餾法釀製非常常見，1582年出現關

我們
♥
馬鈴薯

我們
♥
大麥

於如何從穀物蒸餾烈酒的第一份技術性說明書籍：卡斯伯・詹斯（Casper Jansz）所著的《穀物白蘭地蒸餾指南》（*Guide to Distilling Korenbrandewijn*）。

西爾維斯醫生的神話

17世紀——荷蘭黃金時代（Dutch Golden Age）——荷蘭東印度公司蓬勃發展，成為全世界最大的貿易公司，林布蘭（Rembrandt）畫下他的傑作，醫學科學迅速發展。正是在此時，萊頓大學教授弗朗西斯・西爾維斯（Franciscus Sylvius, 1614-1672）據稱創造了「荷蘭琴酒」，然而此一說法遭到駁斥，他確實曾將荷蘭琴酒用作治療腎臟疾病的藥物和瘟疫的處方，但極不可能是琴酒的發明者。菲利普斯・赫曼尼（Philippus Hermanni）在他的著作《蒸餾者入門》（*Een Constelijck Distileerboec*, 1552）中稱荷蘭琴酒或琴酒為「杜松子水」（Aqua Juniperi），此時距西爾維斯出生還有98年。在中世紀的英國烹飪書，以及在1632年時首次出版的戲劇《米蘭公爵》（*The Duke of Milan*）中，也提到荷蘭琴酒／琴酒，當時西爾維斯醫生只有9歲。

荷蘭人的勇氣

在三十年戰爭（1618-1648）期間，這場影響深遠的衝突使大部分歐洲強權捲入其中，駐紮在荷蘭南部對付西班牙軍隊的英國士兵率先被引介了荷蘭琴酒，這些勇士在參戰前當然該喝一杯，然而到了戰鬥結束隔天，

這些英雄卻經常記不得自己曾與何方對戰，因此他們將
這「荷蘭勇氣」命名為ginniver，將荷蘭琴酒的名稱英語
化，後來便簡稱為琴酒。他們顯然把這種
飲酒習慣帶回家鄉了，然而當時荷蘭琴酒
在英國並非全然不為人知，且必然常見於
倫敦：此地在1571年為6,000名法蘭德斯新
教徒難民提供了安全的避風港。

威廉三世與歡樂釀酒

　　1688年英格蘭：威廉三世（William of
Orange III）登基，標誌著新時代的開始，英國社會發生重
大變化，飲酒習慣方面也不例外，新國王幾乎立即鼓勵英
國烈酒的生產，任何人都可以在沒有
執照的情況下製造琴酒，同時外國酒
類的進口稅猛漲，導致所有琴酒產量
爆增，因為每個人都在製造琴酒。

琴酒熱潮

　　這種18世紀的新興藥物有很多
別稱：「藍色廢墟」「女士歡愉」「綠
帽慰藉」或「日內瓦夫人」，英格
蘭空前絕後受到這股飲酒熱潮的控
制，尤其是倫敦，從未像1720-1751
年間那樣「受酒精催化」，此一時期通常會與1980年代
美國的快克大流行（crack epidemic）相提並論。

　　確實，倫敦人一直以來都對琴酒狂熱不已，當時的
琴酒價格便宜且容易取得，但品質低劣。荷蘭琴酒的麥

芽複雜度對當地釀酒商來說是一大挑戰，通常會使用劣質穀物來生產中性烈酒，並摻入松節油、硫酸和明礬。為了掩蓋味道，他們會使用大量的糖、石灰水和玫瑰水，這造成毀滅性的後果，許多災難都歸咎於琴酒，說它導致犯罪率升高、賣淫和精神錯亂人數增加、死亡率升高、出生率降低，城市中有大量人口從早到晚流連街頭。以下事實說明了這種麻醉劑的影響範疇：

- 1723-1733 年間，倫敦的死亡率遠超過出生率。
- 在某個時間點，60 萬名倫敦人口中，有7,044 家經認可的琴酒零售商和數千名街頭小販。
- 1730-1749 年間，有75%的兒童在5 歲之前死亡。
- 1740-1742 年間，每一次出生洗禮就會對應兩場葬禮。
- 1751 年有多達9,000 名兒童死於酒精中毒。
- 1733 年，倫敦生產近4700 萬公升合法琴酒，相當於每人每年消耗53公升的琴酒。
- 1740 年，倫敦超過一半的酒吧是所謂的「琴酒銷售舖」。

威廉・賀加斯的琴酒巷（1697-1764）

　　這幅具歷史意義的版畫完美地說明了事態演變得多麼糟糕，在琴酒狂熱的控制之下，沒有什麼比這幅雕刻能將倫敦的骯髒和絕望描繪得更好，不難理解為什麼改革者對局勢如此絕望。威

廉‧賀加斯（William Hogarth）的《琴酒巷》（*Gin Lane*）描繪了一條充滿痛苦場景的繁忙街道：一名木匠典當他的工具來買琴酒；遠一點是一名送葬者將一名瘦弱的女子的屍體放入棺材中；一名癮君子上吊自殺，一名母親則餵她的孩子琴酒以使其沉睡。而這些墮落的人物只形成背景，在前景的一片騷亂中，有一名徹底喝醉、顯然已經不省人事的婦女，她的孩子從手臂滑落，就要越過扶手掉落。

琴酒法案

幾乎與18世紀琴酒效應的故事一樣悲慘的是政府控制琴酒消費的荒誕混亂，並導致失敗的嘗試。1729-1751年間，英國議會施行了至少八種不同的琴酒法案，其中一些法案比其他法案更為成功，以下是最重要幾項的摘要。

1729年首次嘗試對酒精課稅；然而富裕的地主求助於他們身處高位的貪腐朋友，因此仍然能夠將穀物出售給蒸餾廠。經過幾次失敗的嘗試，議會終於在1736年

通過一項新的琴酒法案，同時「老湯姆琴酒」這個名稱首次出現。新的琴酒法案更像受金錢而非道德所驅使，對供應琴酒課徵如此重稅，以至於該法案更像是禁令，違反法令者將面臨鉅額罰款甚至被判處徒刑，結果是讓整個行業地下化。儘管當局大力執行，倫敦人卻沒有屈服，琴酒法案經常被忽視，七年後該法最終遭到正式廢除。

1751年的琴酒法案則較為成功，因為根據法律，蒸餾廠只能將琴酒出售給有牌照的酒吧老闆，牌照費是合理的，因此琴酒的品質得到改善，只是價格逐步上漲。琴酒熱潮在19世紀末逐漸消退，因此，許多偉大的英國蒸餾廠都可以追溯到此一時期也就不足為奇了。

琴酒殿堂

在大英帝國重塑世界的同時，工業革命也徹底改造了大不列顛本身，工廠的出現使許多人口湧入城鎮，而工人階級的崛起則挑戰了舊的思維方式。在這個新技術時代，家具首次大量生產，油燈被煤氣燈代替，並發展出新的玻璃製造方式。所有這些新發明導致琴酒殿堂的

崛起：一個讓工人階級感到賓至如歸的去處，甚至感覺比回到自己家更好。最早的幾家在1829年開始出現，例如湯普森與費倫（Thompson and Fearon's）。琴酒殿堂的魅力和氛圍增進了琴酒的形象，使飲酒更像是社交交際。

琴通寧首次登場

　　與此同時，在印度發生了不可忽視的事件，我們要再次感謝士兵促進飲酒的新發展。19世紀初，東印度公司的英國人服用奎寧來預防瘧疾，奎寧是通寧水的主要成分之一，但日後會有更多成分。為了使每日服用的奎寧劑量更加可口，他們添加了水、糖和萊姆，並很快加上了琴酒，因此出現了第一杯琴通寧。

從老湯姆到倫敦干型琴酒

　　由於消費稅和品質控制措施的增加，政府希望琴酒不再像過去一樣被視為「殺手」，這前提很簡單：由於琴酒的生產成本提高，因此琴酒品質必須更好，價格較高才顯得合理。「老湯姆」以大桶裝出售給零售商，零售商後續在當中添加了糖。在琴酒熱潮期間，琴酒中會添加糖以掩飾品質不良，但現在純粹是為了滿足人們口味而增甜。

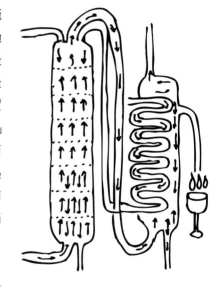

　　隨著新的蒸餾設備出現，例如考菲式蒸餾器（Coffey still）——也稱為連續蒸餾器（continuous still）或專利蒸餾器（patent still）——產生的蒸餾液品質更好，因此不甜的干型琴酒（我們現在稱之為倫敦干型琴酒London Dry Gin）應運而生。上層階級更喜歡這種琴酒，而非有甜味的版本。

　　維多利亞時代，當人們開始意識到健康生活方式的概念，老湯姆的輝煌時代便很快過去了，老湯姆的消失和干型琴酒的流行是由於干型酒類品項更適於混調酒。

　　1860年雞尾酒風潮席捲整個美國，不久之後調酒的流行風潮就席捲整個歐洲。英國琴酒的出口量不僅增加，同時也將他們的飲酒習慣輸出全世界，誠如在第一次世界大戰中，倫敦干型琴酒就這樣成為世界知名的酒類。1920年代和1930年代，在美國也大為流行琴酒作雞尾酒的基酒，最廣為人知的一款大概是干型馬丁尼（Dry Martini）。

禁酒令和「浴缸琴酒」

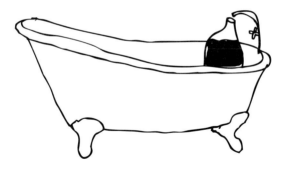

　　1920年1月17日，美國國會通過〈沃爾斯泰德法案〉（Volstead Act），禁酒令生效，然而愈是禁止就愈充滿欲求，使整個世代的美國人陷入犯罪，他們要不流連提供非法酒品的地下酒吧，要不就在家中製造私酒，因此「浴缸琴酒」一炮而紅。當中的劣質成分有工業酒精、甘油和杜松油，這些成分都是大瓶裝，大到無法在廚房水槽以水龍頭裝瓶，因此便在浴缸下的水龍頭裝瓶，有時琴酒也會

在浴缸中發酵和蒸餾，因此得名「浴缸琴酒」。由於禁酒令，英國蒸餾廠擔心會失去這個重要的出口市場，但事實恰恰相反，因為好東西能獲得驚人報價。宣布禁酒令結束的是總統富蘭克林・羅斯福（Franklin D. Roosevelt），據說他甚至在白宮親自調製了第一杯合法的馬丁尼。

咆哮的二〇年代：輝煌的過往

　　想想那充滿閃亮魅力、音樂新運動、奔馳的車輛、時尚、藝術和很多雞尾酒的年代……有為數眾多的雞尾酒。史考特・費茲傑羅的《大亨小傳》完美描繪了這個時代的景況。順道一提，你是否知道費茲傑羅嗜愛琴瑞奇（Gin Rickey）？這是一款琴酒雞尾酒，先將半顆萊姆汁擠入杯中，再投入擠汁後的萊姆，然後加入蘇打水。有傳聞稱費茲傑羅是琴酒愛好者，因為他認為人們聞不出他呼吸中琴酒的味道。

　　1920年代許多酒保離開了美國 ── 因為不再允許他們從事原本的職業 ── 最終來到倫敦，在那裡他們得以分享自己的技藝。大飯店的雞尾酒會風靡一時，取代了更為平凡的下午茶。這種派對氣氛背後的驅動力即是琴酒！琴酒的受歡迎程度持續增長，並在50和60年代達到巔峰，如艾羅爾・弗林（Errol Flynn）和亨弗萊・鮑嘉（Humphrey Bogart）這樣的好萊塢明星，很少看見他們的時候手裡沒有端著一杯馬丁尼。

然後伏特加來了⋯

在1960年代之前，琴酒一直主導酒類飲品的世界，當時雞尾酒大約有一半都以琴酒為基酒，而伏特加則伺機而動。伏特加行銷得宜，形象又時髦，琴酒開始被認為既老派又無趣，所幸現在又重回浪尖上，就是這樣！

今日的琴酒熱潮

一直到20世紀末，琴酒廠才有辦法抵禦伏特加海嘯，為何花了這麼長時間？也許是缺乏想像力，或者只因時機不對。像坦奎瑞十號琴酒（頁156）和龐貝藍鑽特級琴酒（頁306）這樣的大品牌定下了基調，並衍生出一些更適合伏特加飲用者口味的品牌產品：口感更加柔和圓潤。龐貝藍鑽特級琴酒為市場注入新的活力，運用方形的藍色酒瓶提高了品牌形象，受到潮人和調酒師的讚賞。同時，其他蒸餾廠也開始透過使用新原料或重新

詮釋經典琴酒配方來擴大疆界。在上世紀90年代中期，亨利爵士（Hendrick's）開發了頂級琴酒（Super Premium Gin），許多酒廠紛紛效仿這個例子。如今很難歷久不衰，因為幾乎每週都有一個新品牌出現在市場上。太多品牌了？也許是，但我們當然對這樣的復興感到欣喜若狂。

但這新一波的琴酒熱潮從何而來？

自2000年以來，西班牙的調酒師、廚師和狂熱者受到琴酒的啟發，在過去幾年，這種趨勢也蔓延到比利時和德國。如今，琴酒在荷蘭、義大利和葡萄牙廣獲吹捧，而在英國，琴酒是一種歷史悠久的產品，已存在四百多年，也許由於英國人性格中的堅忍或驕傲，他們似乎對這種突如其來激增的關注並不以為意，儘管英國的調酒師對琴酒聲勢爆發歡欣鼓舞，因為此一風潮提供

調酒學元素週期表

他們更多實驗和炫耀才華的空間。另一種解釋可能是對食物領域新的關注焦點，對頂級產品、新口味和風味的偏愛 —— 這些毫無疑問全由當今頂尖廚師所推動 —— 且已引起人們進一步認識這場美食革命裡的杯中物。如今調和各種烈酒，即「調酒學」（mixology）正達到新的高度，肯定可以稱之為杯中物的一種美食學。

隨著新一代調酒師透過「分享」他們的知識彼此刺激激勵，當地酒吧文化也發揮了自身作用。在社交媒體時代，讓所有人知道新發現、新實驗和新知識是再自然不過的事，新的酒吧概念或復興的舊酒吧概念隨處可見。一個日益流行的絕佳例子是地下酒吧，在禁酒令的年代，去地下酒吧保證有場樂趣無窮 —— 雖然違法 ——

的狂歡夜。幸運的是如今酒精已不再非法，而 speakeasy 這個詞則用來描繪 1920 年代的復古格調酒吧，他們供應最高品質的調酒。地下酒吧像初始一樣籠罩在謎團中：你可能還是很難找到入口，就算找到了，你實際上可能仍未真正到達酒吧；然而一旦進入內部，你將返回舊日時光：裝潢，服裝和氛圍會讓你大開眼界，提供的酒飲品質頂級，講述著經典酒譜的故事，只要你能得其門而入，我們認為這值得一試。

這是誇大其詞嗎？不，我們相信琴酒將繼續存在，且永垂不朽。琴酒精巧細緻，有通寧水相輔相成，無疑將再次征服全世界。

什麼是琴酒？

琴酒的法定條件

　　與阿瑪雷托利口酒（Amaretto）和香檳一樣，歐洲法規都有必須遵守的規則，才能稱之為琴酒。根據歐盟規定，琴酒的酒精濃度最低須為37.5%，美國法定酒精濃度最低為40%，第二個條件是杜松子必須為重要成分，每個生產單位達到占51%之多。

琴酒的蒸餾方法

壺式蒸餾

　　在所有使用的方法中，壺式蒸餾（pot still, 也稱為批次蒸餾batch distillation）是最傳統的蒸餾技術，必須將中性穀物酒精加熱到至少96°C，然後放入壺式蒸餾器中，並在加入藥草植物前先用水進行「稀釋」。根據不同的配方，酒精會加熱並靜置數小時，有時甚至數天。在適當的時刻，蒸餾過程會從加熱開始 —— 以琴酒而言 —— 會透過壺式蒸餾器下方的蒸氣夾層加熱，然後，製酒師會添加蒸氣將酒精煮沸，讓酒精到達壺式蒸餾器的頂部，

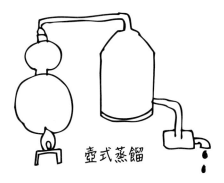

壺式蒸餾

並立即降低壓力，蒸氣透過天鵝頸管進入水冷冷凝器。第一次蒸餾出的蒸餾液也稱為「酒頭」，通常含有雜質，因此會被排入另一具容器。

　　純琴酒伴隨各種濃度，直到最終達到80%的濃度，當濃度再次降到60%時，雜質會重新出現。蒸餾液的最後一部分稱為「酒尾」，同樣被倒入獨立的桶中。下一步是再次增加蒸氣壓力，僅讓水和藥草植物渣殘留在壺式蒸餾器中，然後重複蒸餾過程，將酒頭和酒尾放在另一部具有較長壺頸和蒸餾盤的蒸餾器中以除去雜質，因此該部分也可用於製造琴酒，之後將最終的蒸餾液與水混合，便可以將其恢復至需要的酒精百分比。

柱式蒸餾

　　柱式蒸餾（column distill）琴酒是與考菲式蒸餾器發明相關的術語，也稱為連續蒸餾（continuous distillation）。中性穀物酒精（主要是小麥基底）蒸餾至濃度96%，將蒸餾液用水稀釋至理想的60%酒精濃度，然後在當中加入藥草植物和香料，再經過蒸餾過程，從而釋放出藥草植物的精油。

註：

在壺式蒸餾琴酒和柱式蒸餾琴酒中，首席製酒師可用這兩種方法將酒精與其他成分或藥草植物成分混合。「層架式」是指將藥草植物放置在位於蒸餾器上方的銅架上——所謂的「蒸餾籃」，此處可以將熱的酒精蒸氣萃取出藥草植物中的芳香成分。在「浸泡」過程中，將藥草植物放置在蒸餾器底部的酒中靜置並浸漬。

真空蒸餾

真空蒸餾（vacuum distill）琴酒的生產方式與上述幾種方法不同，不用熱氣來蒸餾藥草植物，而是使用冷蒸餾。以這種方法，蒸餾液上方的壓力冷卻到約-5°C，在此冷凍溫度之下，酒精會蒸發，接著在-100°C下以一根探針插入蒸餾器中，蒸氣會回復為液態，如此藥草植物的香味即完美融入酒精中，整個過程大約需耗五到六小時。這種冷蒸餾法最大的優點是沒有「酒頭」或「酒尾」，實際上沒有浪費任何蒸餾液，但真正的突破無疑是琴酒的風味。理論上冷蒸餾過程中藥草植物的分子結構得以保留，因此也能保證留下真正的原始香氣。以這種方式開發的琴酒例子有神聖琴酒（頁326）和奧克斯利琴酒（Oxley Gin）。

註：

德斯蒙德‧佩恩（Desmond Payne, 英人琴酒Beefeater的首席製酒師）是第一個使藥草植物在蒸餾前至

少在酒精中「浸泡」24小時的人，因此替他們以非常規釀製的酒命名為 Beefeater 24。這種技術現已被無數琴酒生產商仿製，浸泡時間因製酒師而異，可能需要6-24小時。

琴酒及其藥草植物

　　如上所述，琴酒的主要風味為杜松子是法律規定的，除了杜松子之外，諸如柳橙或檸檬皮、芫荽籽、小豆蔻、葛縷子、桂皮、肉桂、歐白芷根和鳶尾根的香味是新一代琴酒中常用的藥草植物成分。我們注意到，當今小批次（頂級）琴酒平均使用約10-12種藥草植物，幾乎成為標準，從而導致品質水平不斷提高。

　　一些最複雜的琴酒 —— 包括猴子47琴酒（頁209），內含47種藥草植物，以及甘諾瑟爾蒸餾廠（Gansloser Distillery）的黑色琴酒（頁305），內含67-74種藥草植物，具體數量取決於資訊來源。這些複雜的品項強烈讓人聯想起野格利口酒（Jägermeister）等藥草植物利口酒。這兩種琴酒都起源於德國黑森林地區，一定會吸引某些愛好者。

　　接下來，我們要簡單介紹最常使用的藥草植物。

杜松子

　　每種琴酒的招牌香氣。如何使用杜松子決定了每種琴酒的特性和口味。杜松子中可以明確發現松木的苦甜味、薰衣草和樟腦的風味。北半球幾乎任何地方都有樹木或灌木生長，甚至發現有海拔高達3,500公尺的樹木。製造琴酒的杜松子始終由製造商精心挑選和處理，從義大利到馬其頓，每家都有各自的偏好。送進酒廠後，杜松子會熟成長達兩年，直到精油達到最大的芳香潛力為止。

歐白芷根

　　歐白芷根是一種兩年生植物，在野外生長時，最常見於潮濕、微酸、肥沃的土壤，但也可以在花園中繁茂盛開。根據傳說，歐白芷根可用於治療瘟疫或防禦巫術。琴酒中的歐白芷根用來使口感「辛辣不甜」，土壤味有助於支撐琴酒的草本特性。

柑橘類水果

　　有一種明確的趨勢可擴展琴酒的柑橘味：香柑、柳橙、檸檬、萊姆，葡萄柚、橘子等等，但果皮和果肉或果汁之間存在風味上的區別。

小豆蔻

　　薑科家族的成員，散發著甜美強烈的香氣，並帶有香柑、檸檬和樟腦的味道。小豆蔻起源於遠東地區，是繼番紅花和香草之後最昂貴的香料。蒸餾前將種子壓碎以完全釋放溫和的香料香氣，然後浸漬在琴酒中。

葛縷子

　　葛縷子是一種兩年生植物，最常見於西亞、歐洲和北非，生長在草地、路邊和岩脈上。葛縷子會散發出辛辣、香甜的和洋茴香的風味。別與孜然混淆了，因為葛縷子的味道更加強烈。

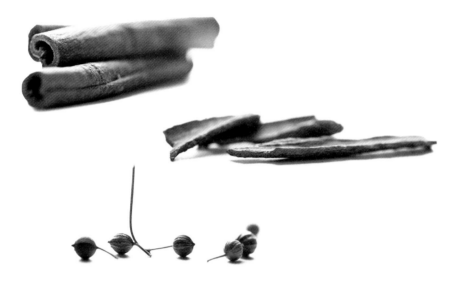

肉 桂

肉桂樹主要生長在斯里蘭卡,但在爪哇、巴西和埃及也可見,肉桂樹只能在熱帶氣候下生長,最好生長在沿海地帶。肉桂具有溫暖辛辣的味道,並具有許多烹飪用途。

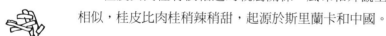

桂 皮

桂皮與肉桂有很相近的親屬關係,風味和外觀上很相似,桂皮比肉桂稍辣稍甜,起源於斯里蘭卡和中國。

芫荽籽

芫荽籽是一種源自中東和地中海地區許多廚房愛用的香料,在數種琴酒配方中一直扮演主要作用。在蒸餾過程中,芫荽籽會釋放一種草本、鼠尾草和檸檬的味道。

鳶尾根

　　鳶尾根稱為 orris root 或 iris root，有許多不同的用途：在香水或芳香劑中其香味類似紫羅蘭，摩洛哥一種北非綜合香料（Ras el hanout）的眾多成分中經常使用。在琴酒中作為與其他芳香植物的黏著劑。

甘　草

　　全世界都會使用甘草植物的根治療支氣管炎，琴酒蒸餾廠主要從中東採購甘草。甘草含有糖份、苦味和產生獨特木質味的物質，琴酒中使用甘草可以緩和口感。

杏　仁

　　杏仁樹主要生長在歐洲南部，琴酒中使用的是苦杏仁而非甜杏仁。杏仁為琴酒帶來某種杏仁糖的柔順感。

通寧水：歷史點滴

從醫學到完美飲品…

1638年：奇蹟般的療效

一如琴酒，通寧水剛開始也是作為藥物，傳說帶我們回到17世紀的祕魯。伯爵夫人安娜・德奧索里奧・德欽瓊（Ana de Osorio del Chinchón）罹患了最嚴重威脅生命的一種疾病：瘧疾。她的丈夫 —— 他的名字無法發音 —— 拚命懇求當地的巫醫為妻子的發燒不退找到治療的方法，幸運的是這位巫醫人很慷慨，給了她一種由當地奎寧樹（Quinquina）樹皮製成的神祕混合物，伯爵夫人奇蹟般地康復了。為了紀念伯爵夫人並慶祝她的康復，西班牙人重新命名這種祕魯樹木，成為我們熟知的金雞納（Cinchona）樹。他們還消滅了印加人，偷走了黃金並殖民了他們的土地！

出口貿易繁榮

同時，安娜伯爵夫人回到她在西班牙的莊園，並帶走大量有療效的樹皮。這種神奇物質 —— 現在我們知道是奎寧 —— 的名氣迅速傳遍整個歐洲，這種奇妙的藥物還治癒了英格蘭的查理二世（Charles II）和法國國王路易十四（Louis XIV）的兒子。樹皮的粉末變得比黃金更有

價值，迅速供不應求，導致這種「芬味樹」面臨滅絕的威脅。

1850年：走私戰爭

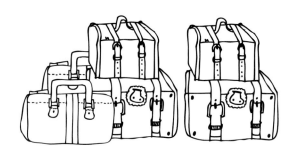

19世紀中葉，英國人和荷蘭人想出一個絕妙的點子：從拉丁美洲走私「芬味樹」的種子。英國人嘗試在印度和錫蘭的自有殖民地種植這種樹木，但未能生產出優質的奎寧。然而，荷蘭人在爪哇殖民地的進展更好，在那裡樹木生長繁茂，可生產出優質的奎寧。到了1918年，爪哇已成為世界上最大的奎寧生產地。

甜　藥

同時，奎寧開始用於預防和治療瘧疾。在殖民時期瘧疾廣泛流行，所以奎寧是很受歡迎的藥物。在印度的英國殖民者用糖掩蓋了奎寧的苦味，並用水稀釋，每天讓士兵及指揮官服用這種藥，不久之後，一些勇敢的人靈機一動，將琴酒添加到混合物中，自此以後熱情迅

速點燃，至今一直不滅。

1858年：通寧水商品首度問世

　　精明的英國商人伊拉莫斯・龐德（Erasmus Bond）是首位從英國士兵和軍官之間看到這種趨勢中的商機的人。1858年，他生產出第一款通寧水商品：改良過的碳酸通寧水。他的發明起初被視為一種保健產品，但不久之後，這首度問世的通寧水就從藥櫃轉移到酒櫃了。

1944年：科學開始

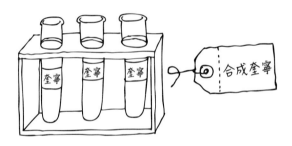

　　第二次世界大戰之前，印尼生產全球95%以上的奎寧，然而當日本人占領爪哇，這個狀況戛然而止，再次導致奎寧在醫療上的短缺，科學家於是紛紛投入開發合成的替代品。到了1944年，這種合成的變體已成為現實。直到今日，合成奎寧仍用來製造某些類型的通寧水，但毋庸置疑，合成奎寧的味道與天然奎寧的味道仍大不相同。

今日通寧水

琴酒又回歸了，而且似乎更勝以往榮景，進化成更複雜芳香的琴酒種類，邏輯上會讓調酒提高到一種新的水平，新世代的通寧水 —— 無疑是為了與琴酒形成完美的伙伴關係 —— 在過去幾年中已經嶄露頭角。我們可以肯定地說，它們甚至為代表性的長飲調酒樹立了更高的標竿。琴通寧是白頭偕老成功婚姻的完美典範，面對現實吧，我們簡直無法想像這對夫妻會有離異的一天。

什麼是通寧水？

通寧水是一種碳酸軟性飲料，其苦味源於添加了現已廣為人知的奎寧 —— 如果你已閱讀了前面幾頁。除了奎寧之外，通寧水還添加了糖或甜味劑來調味，通常會進一步添加各種水果萃取物以進一步增強風味。但讓我們回到奎寧身上吧，你正在計劃去熱帶旅行嗎？想像一下琴通寧，還可以預防瘧疾。好吧……你可能每天需要消耗兩公升內含天然奎寧的通寧水，相當於十杯琴通寧。這是個好主意嗎？就由你自己決定囉。

琴通寧：
天生一對

　　想要找到理想搭配，取決於一項基本原則：味道的正確組合，這就是為什麼我們要根據通寧水和琴酒的風味來進行分類。為了在你的杯中創造出爆炸性的組合，我們將各種琴酒與最適合的通寧水調和，以融合味道。

　　我們確實將從通寧水出發，這並非我們想「離經叛道」，或試圖逆流而上，而且我們當然不建議將琴通寧改名為「通寧琴酒」；完全不是，唯一的原因是想讓你更輕鬆入門，把這想像成是熱身，或是防止過早宿醉的預防措施，但最重要的是，沒有通寧水就不可能有琴通寧。儘管通寧水可說是我們最愛調酒中的次要成分，而且永遠是次要成分，但就像琴酒，通寧水的品質和口味也有諸多差異，不對通寧水進行思考，就好像沒有費心在汽車引擎中添加正確的燃料。

　　隨著琴酒重生和蔚為風潮，通寧水也同樣經歷劇烈復興。通寧水將永遠是我們琴通寧中的主要風味，這正是為什麼我們要先歌頌通寧水，讓它就這麼一次脫離琴酒的陰影吧。我們將介紹新一代的通寧水給你，當我們說這將是一次令人著迷且令人愉悅的體驗，將構成你未來所有調酒創作的基礎，請相信我們。也許是吧，其實我們確實喜歡逆流而上，一下下就好……

通寧水：

分　類

中性　　　芳香　　　果香/花香

　　想調製完美的琴通寧，首先要知道你的通寧水中有哪些味道，一旦掌握了這些知識，你將能夠使你的朋友和敵人都驚嘆不已。好，琴酒是我們的主角，但是其後想創造出終極的琴通寧，對通寧水的正確知識也是必不可少的。我們根據通寧水的口味將其歸類為：**中性、芳香、果香/花香**。

　　由於我們希望為你提供盡量詳細的概述，因此我們不會過分著墨於諸如金利通寧水（Kinley Tonic）、北歐薄霧通寧水（Nordic Mist Tonic Water）和舒味思印度通寧水（Schweppes Indian Tonic）之類的大品牌。相反地，我們將深入鎖定在新世代的通寧水，這些通寧水主要使用天然成分，因此能真正使琴酒發光發熱。

　　所以，請繫上安全帶並準備起飛……我們來了！

中性通寧水

6O'CLOCK INDIAN TONIC WATER 6 00
六點鐘印度通寧水 *

源 起

六點鐘通寧水的故事始於琴酒，尤其是革新者兼發明家、更是冒險家的愛德華・凱恩（Edward Kain）的配方。愛德華是19世紀的輪船工程師，在這個世紀，瘧疾使許多人喪命。愛德華及其同事在航行中喝通寧水來預防瘧疾，有天愛德華想出一個奇妙的主意，將琴酒添加到通寧水中。哈利路亞！傳奇始於當日，愛德華每天晚上六點都會喝光琴通寧，因此得名六點鐘。愛德華的曾孫麥可・凱恩（Michael Kain）在多年後將他六點鐘喝的琴酒，和琴酒的夥伴通寧水推向市場，並發展出一套創造完美搭配的想法。六點鐘通寧水由布拉姆利和凱奇（Bramley and Cage）蒸餾廠生產，這是英國一家小型生產商，他們的策略很明確：不買通寧水就不能買琴酒，反之亦然。此外，他們的琴通寧只提供給英國境內的酒吧和餐館。布拉姆利和凱奇蒸餾廠也正在研發黑刺李琴酒（sloe gin）。

成 分

氣泡水⋯⋯⋯⋯⋯⋯⋯⋯⋯⋯⋯⋯⋯⋯⋯⋯⋯⋯⋯⋯⋯⋯
檸檬和萊姆萃取物⋯⋯⋯⋯⋯⋯⋯⋯⋯⋯⋯⋯⋯⋯⋯⋯⋯
檸檬酸⋯⋯⋯⋯⋯⋯⋯⋯⋯⋯⋯⋯⋯⋯⋯⋯⋯⋯⋯⋯⋯⋯⋯
糖⋯⋯⋯⋯⋯⋯⋯⋯⋯⋯⋯⋯⋯⋯⋯⋯⋯⋯⋯⋯⋯⋯⋯⋯⋯⋯
天然奎寧⋯⋯⋯⋯⋯⋯⋯⋯⋯⋯⋯⋯⋯⋯⋯⋯⋯⋯⋯⋯⋯⋯

六點鐘通寧水不含人工甜味劑或其他調味香料。

口味和香氣

純淨的風味歸功於使用天然奎寧，並帶有獨特的柑橘風味，有清晰的檸檬香氣帶來美好的平衡口感。通寧水的口感飽滿，但喝起來令人驚訝地爽口。

---

* 編註：已停產。

ABBONDIO TONICA VINTAGE EDITION
阿邦迪奧
復古通寧水

源起

經營超過120年的阿邦迪奧，是義大利最古老的酒類生產商之一，最重要的是該品牌被認為是義大利最負盛名的品牌。安傑羅‧阿邦迪奧（Angelo Abbondio）於1889年在托爾托納（Tortona）成立了軟性飲料工廠，並特別鑽研品質和傳統配方。瓶子上使用的貼標非常醒目，阿邦迪奧通寧水創立於20世紀初，最初被稱為「苦味氣泡飲」。

成分

碳酸水………………………………………………

蔗糖…………………………………………………

奎寧…………………………………………………

糖……………………………………………………

天然香料……………………………………………

口味和香氣

傳統配方將檸檬的酸味與蔗糖無縫融合在一起，輕度碳酸化，完全不含基因改造產品。

英　國

BRITVIC INDIAN TONIC WATER
碧域
印度通寧水

源　起

19世紀中葉，一位英國化學家開始嘗試在家
中製作軟性飲料，不久之後，詹姆斯麥克弗
森公司（James MacPherson & Co）購買了這
些配方，並將飲品以英國維他命產品之名引
進英國。1971年，名稱從英國維生素產品更
名為碧域，碧域這個品牌於焉誕生。

成　分

碳酸水 ··
糖 ···
檸檬酸··
調味香料：包括奎寧 ··
防腐劑：山梨酸鉀（potassium sorbate）···········
糖精··

口味和香氣

以香氣來說，這是一款真正的通寧水：有一
種非常活潑的柑橘味，喝進嘴裡散發出辛辣
不甜又帶苦的尾韻，氣泡很粗。

義大利
CORTESE PURE TONIC
科爾特斯純淨通寧水

源　起
科爾特斯通寧水由未來酒飲公司（Bevande Futuriste）生產，該公司受到18世紀印度和非洲殖民者的啟發，他們過去經常將大量的水和奎寧混合以獲得抗瘧疾的藥物。除了純淨通寧水，該公司還生產其他六種軟性飲料和調酒用飲品。

成　分
碳酸水 ⋯⋯⋯⋯⋯⋯⋯⋯⋯⋯⋯⋯⋯⋯⋯⋯
糖 ⋯⋯⋯⋯⋯⋯⋯⋯⋯⋯⋯⋯⋯⋯⋯⋯⋯⋯
檸檬酸 ⋯⋯⋯⋯⋯⋯⋯⋯⋯⋯⋯⋯⋯⋯⋯⋯
奎寧 ⋯⋯⋯⋯⋯⋯⋯⋯⋯⋯⋯⋯⋯⋯⋯⋯⋯
天然調味香料 ⋯⋯⋯⋯⋯⋯⋯⋯⋯⋯⋯⋯

口味和香氣
令人驚訝的爽口甜通寧水，易於飲用和用於調製；順口又平衡感十足。

FEVER-TREE INDIAN TONIC WATER

芬味樹
印度通寧水

源　起

故事始於將普利茅斯琴酒帶回到市場上的查爾斯・勞斯（Charles Rolls），在2000年與提姆・沃里洛（Tim Warrillow）進行了一系列的通寧水品評之後，他們得出結論，許多飲品會使用苯甲酸鈉（sodium benzoate）或類似化學物質作為防腐劑，此外，廉價柳橙香料和人工甜味劑的使用，使他們吶喊：「我們可以放心將這種組合物稱之為對味蕾的攻擊。」正是基於這種經驗，一個簡單卻絕妙的點子開始萌芽：琴通寧畢竟含有四分之三的通寧水，那為什麼通寧水卻得不到關愛的眼神呢？芬味樹印度通寧水於2005年在英國推出，名稱源自奎寧來源的金雞納樹俗稱。為了替通寧水爭取正義，查爾斯和提姆前往剛果東部尋找品質最好的奎寧，因此，芬味樹是一款頂級通寧水，不僅在全球排名前十的餐廳中有七家提供，且在全球超過三十多個國家中都有販售。聽起來這真是個「好」點子……

成　分

泉水 ··
蔗糖 ··
檸檬酸 ··
天然調味香料 ··
天然奎寧 ··

芬味樹印度通寧水使用8種草本風味香料混合而成，其中包括稀有成分，例如從坦尚尼亞金盞花和酸橙中萃取的風味，還有來自西西里島的檸檬，和來自法國普羅旺斯的百里香和迷迭香，來自尼日和象牙海岸的薑⋯⋯我們還需要說更多嗎？
芬味樹採用百分之百天然生產方法製成，不使用人工甜味劑或防腐劑。

口味和香氣

味道至少可以稱之為柔和，來自調香師界的真材實料和生產技術可提供純淨而滋味微妙的通寧水，氣泡類似香檳，奎寧具有天然苦味，可為你帶來清爽的柑橘爽口感，簡潔的尾韻，入口不黏，使這款通寧水成為一款頂級調酒用飲品。

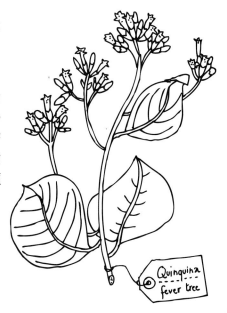

Quinquina
fever tree

德 國

GOLDBERG **TONIC WATER**
戈德堡
通寧水

源 起

這種德國通寧水於2013年推出，由天然奎寧製成，此外MBG國際頂級品牌公司（MBG International Premium Brands）還向市場推出其他戈德堡飲品：薑汁愛爾啤酒、苦檸檬酒、濃薑汁愛爾酒和蘇打水。2013年，戈德堡的酒瓶設計獲得「紅點設計獎」。

成 分

碳酸水 ···
檸檬酸 ···
奎寧 ···
天然調味香料 ···

口味和香氣

戈德堡無論如何都很爽口，這要歸功於苦味水果的使用，帶有橘子和萊姆的風味，舌頭會留下柑橘味和苦味。餘味辛辣不甜，就通寧水而言非常得宜。

義大利

J. GASCO DRY BITTER TONIC

雞尾酒男
辛口苦味通寧水

源　起

雞尾酒男辛口苦味通寧水是由當地頂級原料製成的義大利通寧水，這種通寧水比起其兄弟款通寧水版本 —— 雞尾酒男印度通寧水 —— 來得辛辣又苦澀。這款不甜的苦味通寧水非常適合喜歡柔順、略帶花香又較不甜的通寧水的愛好者，由百分之百天然成分構成，不添加色素和防腐劑。你可以在雞尾酒男印度通寧水文中閱讀這些通寧水背後的完整故事。

成　分

碳酸水 ……………………………………………
檸檬酸 ……………………………………………
奎寧 ………………………………………………
天然調味香料 ……………………………………

口味和香氣

中性通寧水，但略帶苦味，非常適合調酒；苦味增加了杯中物的精緻優雅。

中性通寧水　　　　　**47**

義大利

J. GASCO INDIAN TONIC
雞尾酒男
印度通寧水

源 起

這種通寧水起源於加斯科（J. Gasco）在法屬
圭亞那（French Guiana）的森林中尋找傳說
中綠色水蟒的奇幻夢境。這位來自義大利皮
埃蒙特（Piemonte）的環保人士有一天晚上
從夢中醒來，夢中有一名模糊不清的人物給
他喝了夢幻般的美味酒飲。他無法擺脫這個
夢境夢想，將餘生奉獻給重現這種神奇的酒
飲。時至今日，加斯科的傳統配方仍被用作
於雞尾酒男飲品的基礎。

成 分

碳酸水 ⋯⋯⋯⋯⋯⋯⋯⋯⋯⋯⋯⋯⋯⋯⋯⋯⋯⋯⋯⋯⋯
糖 ⋯⋯⋯⋯⋯⋯⋯⋯⋯⋯⋯⋯⋯⋯⋯⋯⋯⋯⋯⋯⋯⋯⋯⋯⋯⋯
奎寧 ⋯⋯⋯⋯⋯⋯⋯⋯⋯⋯⋯⋯⋯⋯⋯⋯⋯⋯⋯⋯⋯⋯⋯⋯
柑橘香精 ⋯⋯⋯⋯⋯⋯⋯⋯⋯⋯⋯⋯⋯⋯⋯⋯⋯⋯⋯⋯

口味和香氣

典型的中性通寧水，非常適合作為調酒用飲
品。

LEDGER'S TONIC WATER
萊傑
通寧水

源　起

1862年，查爾斯・萊傑（Charles Ledger）前往祕魯尋找金雞納樹神話般的種子，兩年後 —— 當他到玻利維亞進行探勘時 —— 他發現了帶有樹皮的金雞納樹，樹皮含有更好更強勁的奎寧。為了紀念發現該物質的人，該物質學名被歸類在Cinchona Ledgeriana的學名底下。傳說查爾斯・萊傑阻止了金雞納樹滅絕，他和同伴曼紐爾（Manuel）一起收集金雞納樹的種子，並將其帶到倫敦。他將大部分種子賣給荷蘭政府，荷蘭政府將種子種在荷蘭的殖民地爪哇，其餘種子最終到達澳洲和印度。萊傑通寧水用甜菊糖取代了HFCS（高果糖玉米糖漿）或其他人工甜味劑，這代表萊傑通寧水一瓶僅含23大卡，低於市場上任何一款通寧水。

成　分

碳酸水⋯⋯⋯⋯⋯⋯⋯⋯⋯⋯⋯⋯⋯⋯⋯⋯⋯⋯

甜菊糖⋯⋯⋯⋯⋯⋯⋯⋯⋯⋯⋯⋯⋯⋯⋯⋯⋯⋯

檸檬酸⋯⋯⋯⋯⋯⋯⋯⋯⋯⋯⋯⋯⋯⋯⋯⋯⋯⋯

取自金雞納樹的奎寧⋯⋯⋯⋯⋯⋯⋯⋯⋯⋯

檸檬酸鈉⋯⋯⋯⋯⋯⋯⋯⋯⋯⋯⋯⋯⋯⋯⋯⋯

口味和香氣

萊傑通寧水微發泡，一開始的味道帶有柳橙味，奎寧的味道並不容易察覺，甜菊則帶來甜味，餘味是柑橘，帶有隱約的花香。

LOOPUYT TONIC
盧普伊
通寧水

源　起

盧普伊通寧水顯然與其琴酒版本同名，盧普伊蒸餾廠創始於1772年，最近以P盧普伊釀酒公司（P Loopuyt & Co Distillers）的名字重獲新生，2013年夏季，該公司開始開發琴酒，隨後是相應的通寧水最終於2014年12月上市。據P盧普伊釀酒公司的首席製酒師亞科·范德連姆（Jaco van de Leum）所稱，他們釀製的琴酒與量身訂做的通寧水能調和出宜人的調酒，再加上柑橘和花香調帶來的清爽口感。

成　分

碳酸水 ·····························

糖 ·······································

檸檬酸 ·····························

奎寧 ···································

天然調味香料 ··················

口味和香氣

盧普伊通寧水具有高碳酸含量和明顯的檸檬香氣，氣泡帶來清爽感，餘味帶有淡淡的甜味。

西班牙

ORIGINAL PREMIUM TONIC CLASSIC
原創
頂級經典通寧水

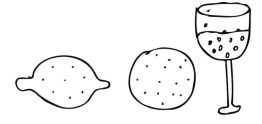

源　起
原創頂級經典通寧水由馬德里的壯麗公司
（Magnifique Brands）所生產。

成　分
碳酸水‥‥‥‥‥‥‥‥‥‥‥‥‥‥‥
糖‥‥‥‥‥‥‥‥‥‥‥‥‥‥‥‥‥
奎寧‥‥‥‥‥‥‥‥‥‥‥‥‥‥‥‥
柑橘‥‥‥‥‥‥‥‥‥‥‥‥‥‥‥‥
天然香料‥‥‥‥‥‥‥‥‥‥‥‥‥

口味和香氣
外觀如水晶般透明，具有天然香氣和粗氣
泡，初入口時略帶甜味，並有少許檸檬和柳
橙味。

英 國

PETER SPANTON TONIC N°1

彼得・斯潘頓
一號通寧水

源 起

1986年在倫敦的克勒肯維爾（Clerkenwell）
成立傳奇酒吧維克奈勒（Vic Naylor's）之
後，彼得・斯潘頓完全沉浸在酒飲的世界
中，直到他在2005年得到天啟。曾經是酒
鬼的彼得注意到在聖誕節期間，許多生意人
消耗了過量酒精。彼得有生以來第一次鄙視
他身處的場景，作為一名前酒鬼，他進一步
注意到精緻軟性飲料的選擇性微不足道，這
導致他得出一個結論，市場上非酒精類「僅
限成人」的酒飲中可以發現到市場缺口，因
此他開始在自己廚房中嘗試各種原料，包括
巴西莓，這種莓果被認為是超級食物，但是
很難加工。經過多次失敗嘗試和同樣多次的
技術嘗試，彼得將所有成分扔進棉布袋，兩
天後有一定量的液體從袋中漏出，這使他開
始運作，然而彼得也花了一些時間才建立起
正確的配方。巴西莓實際上是一種需學習才
能欣賞的味道：帶有金屬味的巧克力味。最
終，他使用康考特葡萄來增加甜味，並將這
一批命名為七號飲品（Beverage N°7）。這
種巴西莓調酒是彼得・斯潘頓酒飲的首款產
品，他的倫敦通寧水被命名為一號飲品。

成　分

碳酸水 ···

檸檬汁 ···

天然調味香料 ···

檸檬酸 ···

蔗糖素 ···

奎寧 ··

口味和香氣

真正的通寧水香氣，但奎寧的味道被西西里檸檬油和苦橙皮油的味道平衡了。

義大利

SAN PELLEGRINO OLD TONIC

聖沛黎洛
老通寧水

源 起

聖沛黎洛老通寧水是由著名的品牌聖沛黎洛
所製造的通寧水，該產品的持續成功源於其
非凡傳承的深耕，象徵了傳達其獨特義大利
特色的價值和傳奇身分。畢竟自1899年成立
以來，聖沛黎洛就是一個以風格和精緻著稱
的頂級品牌（參見聖沛黎洛年度出版的餐廳
指南《世界50大餐廳》）。這款氣泡水因其
卓越的品質而享譽全球，水源於地表下400
公尺的深度，與石灰岩和火山岩接觸時會礦
化，透過三口深井由地下含水層到達地表，
溫度為22-26°C。此外，該品牌還銷售各種
檸檬水：聖沛黎洛水果飲料。他們的通寧水
是按照「老通寧水」風格製作的，口感有些
苦，碳酸含量宜人。

成 分

碳酸水 ⋯⋯⋯⋯⋯⋯⋯⋯⋯⋯⋯⋯⋯⋯⋯⋯⋯⋯
糖 ⋯⋯⋯⋯⋯⋯⋯⋯⋯⋯⋯⋯⋯⋯⋯⋯⋯⋯⋯⋯⋯
葡萄糖漿 ⋯⋯⋯⋯⋯⋯⋯⋯⋯⋯⋯⋯⋯⋯⋯⋯⋯⋯
奎寧 ⋯⋯⋯⋯⋯⋯⋯⋯⋯⋯⋯⋯⋯⋯⋯⋯⋯⋯⋯⋯
檸檬酸 ⋯⋯⋯⋯⋯⋯⋯⋯⋯⋯⋯⋯⋯⋯⋯⋯⋯⋯⋯
柑橘香料 ⋯⋯⋯⋯⋯⋯⋯⋯⋯⋯⋯⋯⋯⋯⋯⋯⋯⋯

口味和香氣

溫和的苦味通寧晶瑩剔透，
優雅而帶有新鮮的柑橘味，
留予微妙的草本氣息。

英　國

SCHWEPPES PREMIUM MIXER ORIGINAL
舒味思
頂級原味通寧水

源　起
在高端產品系列中，舒味思選擇了一種由百
分之百天然糖份和成分組成的配方，憑藉這
款頂級的通寧水，舒味思挑逗了所有人的味
蕾。

成　分
碳酸水 ···
糖 ··
檸檬酸 ···
天然香料 ···
奎寧 ··

口味和香氣
該配方保證你在舒味思中嘗到氣泡，這種中
性通寧水帶有淡淡的萊姆味，帶來微妙又直
接的味道。

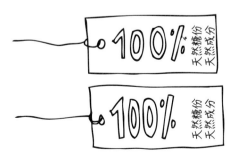

SEAGRAM'S PREMIUM TONIC

施格蘭
頂級通寧水

源 起

施格蘭的品牌在安大略省滑鐵盧（Waterloo）
以喬瑟夫・施格蘭父子蒸餾廠（Joseph E.
Seagram & Sons）之名嶄露頭角，靈感來自
崎嶇嚴峻的加拿大荒野。1928年，喬瑟夫・
施格蘭父子蒸餾廠被山繆・布朗夫曼蒸餾
廠（Distillers Corporation Limited of Samuel
Bronfman）收購。喬瑟夫・施格蘭逝世之
後，蒸餾廠被簡稱為施格蘭公司（Seagram
Company Ltd），因此經常誤稱山繆・布朗
夫曼是施格蘭公司的創辦人。多年來，施
格蘭公司還收購環球影業等媒體的許多股
份，因此，環球影業旗下的科學怪人沒有
酗酒問題很讓人驚訝……到了2000年，法
國公司威望迪（Vivendi）獲得施格蘭的多
數股權，宣告它不再是加拿大公司。威望
迪環球（Vivendi Universal）合併後，各個
飲品部門在公開和非公開拍賣中出售給百
事可樂（PepsiCo）、帝亞吉歐（Diageo）和
保樂力加（Pernod Ricard）。寶麗金（Poly
Gram）在1999年被施格蘭收購，與施

格蘭旗下的MCA音樂娛樂（MCA Music Entertainment）合併，成為環球音樂集團（Universal Music Group）。環球影城隨後被併入威望迪環球娛樂公司（Vivendi Universal Entertainment），後由奇異（General Electric）接管合併為NBC環球公司。電影業的故事說夠了，回到正題。2002年，可口可樂（Coca-Cola）從帝亞吉歐和保樂力加手中得到調酒用飲品，包括施格蘭頂級通寧水，但琴酒還沒被買走。2006年，保樂力加宣布計劃關閉印第安納州勞倫斯堡（Lawrenceburg）的施格蘭蒸餾廠，由CL金融（CL Financial）暫時接管，結果後者也破產，便由政府控制該公司。終於在2011年，來自堪薩斯州艾奇遜（Atchison）的MGP買下了蒸餾廠。

山繆‧布朗夫曼的兒子查爾斯在接受《環球郵報》（*Globe and Mail*）採訪時宣稱：「這些決定使施格蘭公司變成現在這個樣子；過去是一場災難，現在是一場災難，未來也是一場災難……」

成　分

氣泡水 ⋯⋯⋯⋯⋯⋯⋯⋯⋯⋯⋯⋯⋯⋯
果糖漿 ⋯⋯⋯⋯⋯⋯⋯⋯⋯⋯⋯⋯⋯⋯
檸檬酸 ⋯⋯⋯⋯⋯⋯⋯⋯⋯⋯⋯⋯⋯⋯
奎寧 ⋯⋯⋯⋯⋯⋯⋯⋯⋯⋯⋯⋯⋯⋯⋯
山梨酸鉀 ⋯⋯⋯⋯⋯⋯⋯⋯⋯⋯⋯⋯⋯
鈉 ⋯⋯⋯⋯⋯⋯⋯⋯⋯⋯⋯⋯⋯⋯⋯⋯

口味和香氣
複雜而芳香，香料感清晰。

THOMAS HENRY TONIC WATER

湯瑪士亨利通寧水

源 起

1773年在曼徹斯特的酒標上，已經可以找到著名的藥劑師湯瑪士‧亨利這個名字，而且他像大多數的藥劑師一樣很喜歡實驗。對我們來說，幸運的是由於他的實驗，第一瓶碳酸軟性飲料誕生了，也許如果沒有湯瑪士‧亨利，將永遠不會出現我們最愛的琴通寧。如今，湯瑪士‧亨利是一家德國公司，這使許多柏林調酒師的心跳加快。他們真的知道如何在柏林舉辦一場派對，並且很高興與世界各地分享。經過這些年，塞巴斯汀‧布拉克（Sebastian Brack）和諾曼‧西帝弗（Norman Stievert）成為公司背後的靈魂人物，他們可能不是藥劑師，卻是軟性飲料狂熱者，必須說他們真的很會行銷，他們努力維護機密配方，並於2010年底推出了通寧水。

成 分

天然礦泉水 ······························
糖 ·····································
碳酸水 ·································
檸檬酸 ·································
萃取自金雞納樹皮的奎寧 ···············

口味和香氣

我們可以肯定地說，湯瑪士亨利通寧水風味濃郁，奎寧含量異常地高，使味道帶有典型的苦味，然而那味道不會停留太久，這款通寧水喝起來爽口、純淨又令人耳目一新地順口，是成熟的通寧水，卻帶有額外的新鮮感。萃取自金雞納樹皮的奎寧可確保湯瑪士亨利通寧水的獨特特性。

芳香通寧水

AQUA MONACO TONIC WATER
摩納哥通寧水

摩納哥
礦泉水

源 起

這種通寧水的基礎是摩納哥礦泉水：從「慕尼黑礫石平原」（Münchner Schotterebene）中萃取而來不含鈉的礦泉水，那是什麼？慕尼黑礫石平原是一層礫石層，形成於數百萬年前，是阿爾卑斯山冰河的作用形成的，冰從冰河上流下，在地面上刮擦，隨之帶走大量的岩石碎片和其他殘骸，當冰河融化時，水便被困在礫石岩層中。今日用於摩納哥通寧水中的水源是 Silenca Quelle（冰河水的水源），擁有者史威格（Schweiger）啤酒廠用這種水源製造啤酒。摩納哥礦泉水這個名字背後的故事很簡單，但值得一提。德國巴伐利亞首府的義大利語是 Monaco di Baviera，這個名字聽起來特別合宜，清新宜人，完美體現了這座城市的精神：簡單又充滿信心。

成 分

天然泉水·····························

微量糖·······························

奎寧·································

檸檬酸·······························

二氧化碳·····························

鼠尾草·······························

厚葉橙·······························

口味和香氣

透過使用最純淨的純水、最好的原料和大量減少糖份含量，得到這款特別細膩可口的通寧水。輕微的酸度和宜人的奎寧香調，令人耳目一新，額外加入二氧化碳以增添些微的氣泡。

英　國
Fentimans Botanical Tonic
19:05 HERBAL TONIC WATER
梵提曼
19:05 草本通寧水

源　起
梵提曼 19:05 草本通寧水無疑是使用最多草本植物的通寧水，名稱指的是梵提曼公司成立的年份 1905 年。梵提曼通寧水也是一款百分之百草本製造的通寧水，根據英國梵提曼的傳統手法製造。梵提曼家族在英國歷史超過一百年，使用最好的原料和天然香料在英國製造。你可以在〈中性通寧水〉中的梵提曼通寧水下方閱讀梵提曼的完整故事。

成　分
碳酸水 ⋯⋯⋯⋯⋯⋯⋯⋯⋯⋯⋯⋯⋯⋯⋯⋯
糖 ⋯⋯⋯⋯⋯⋯⋯⋯⋯⋯⋯⋯⋯⋯⋯⋯⋯⋯
檸檬酸 ⋯⋯⋯⋯⋯⋯⋯⋯⋯⋯⋯⋯⋯⋯⋯⋯
天然調味香料 ⋯⋯⋯⋯⋯⋯⋯⋯⋯⋯⋯⋯⋯
奎寧 ⋯⋯⋯⋯⋯⋯⋯⋯⋯⋯⋯⋯⋯⋯⋯⋯⋯
檸檬花草本浸漬液 ⋯⋯⋯⋯⋯⋯⋯⋯⋯⋯⋯
香桃木 ⋯⋯⋯⋯⋯⋯⋯⋯⋯⋯⋯⋯⋯⋯⋯⋯
神香草 ⋯⋯⋯⋯⋯⋯⋯⋯⋯⋯⋯⋯⋯⋯⋯⋯
杜松萃取物的發酵萃取液 ⋯⋯⋯⋯⋯⋯⋯
鳶尾根 ⋯⋯⋯⋯⋯⋯⋯⋯⋯⋯⋯⋯⋯⋯⋯⋯
香茅和泰國青檸葉 ⋯⋯⋯⋯⋯⋯⋯⋯⋯⋯⋯

口味和香氣
一款精緻的草本通寧水，帶有椴樹花的微妙甜味，與奎寧的苦味交替出現，杜松子可確保通寧水的口味不會太過草本。

FENTIMANS TONIC WATER

梵提曼
通寧水

源 起

1905年，英國人湯瑪士・梵提曼（Thomas Fentiman）使用作為借貸抵押品的傳統配方製作了薑汁啤酒，他先將薑根磨碎，然後在銅鍋中煮沸以釋放香氣，再將這種糖漿在木桶中與啤酒酵母、糖和薑、杜松子、婆婆納和蓍草萃取物等藥草植物一起發酵。貸款從未償還，因此湯瑪士成為這個獨特配方的擁有者，並且在馬車的幫助下將薑汁啤酒送達給人們。他將啤酒裝在石罐中，上面印有他的狗「大膽」的照片。為什麼要印他的狗，我聽到你這麼問？好吧，湯瑪士為他的狗感到非常自豪，牠曾兩度在著名的克魯福茲狗展（Crufts）中贏得最聽話乖狗的大獎，直到今天梵提曼商標中仍使用湯瑪士值得信賴的四腳朋友畫像。一百多年後的今天，製造過程已經現代化，但是配方本身幾乎保持不變，包括在大桶中將混合物發酵一週。由於添加了天然調味劑和藥草植物，梵提曼通寧水的酒精濃度降低到不足0.5%，可以合法作為軟性飲料出售。因此，切勿稱梵提曼通寧水「只是一瓶飲料」。

成 分

蘇打水 ⋯⋯⋯⋯⋯⋯⋯⋯
糖 ⋯⋯⋯⋯⋯⋯⋯⋯⋯⋯
檸檬酸 ⋯⋯⋯⋯⋯⋯⋯⋯
天然香料 ⋯⋯⋯⋯⋯⋯⋯
奎寧 ⋯⋯⋯⋯⋯⋯⋯⋯⋯
香料浸漬液，例如杜松子、肉桂、泰國青檸葉

毫無疑問，梵提曼通寧水採用百分之百天然成分（如西西里柳橙）所製成。

口味和香氣

梵提曼通寧水帶有檸檬、香茅和薑的辛辣香氣，由於奎寧含量低於它的某些同性質產品，因此餘味不帶「金屬味」。這種通寧水顯然有許多層次，這些層次被微妙地釋放並帶到前味。

FEVER-TREE MEDITERRANEAN TONIC WATER

芬味樹地中海通寧水

源 起

在原始版本發表幾年之後，芬味樹地中海通寧水及其他七種芬味樹飲品隨之問世。有關芬味樹通寧水的完整故事，請參見〈中性通寧水〉篇章。

成 分

泉水 ⋯⋯⋯⋯⋯⋯⋯⋯⋯⋯⋯⋯⋯⋯⋯⋯⋯

蔗糖 ⋯⋯⋯⋯⋯⋯⋯⋯⋯⋯⋯⋯⋯⋯⋯⋯⋯

檸檬酸 ⋯⋯⋯⋯⋯⋯⋯⋯⋯⋯⋯⋯⋯⋯⋯⋯

天然香料 ⋯⋯⋯⋯⋯⋯⋯⋯⋯⋯⋯⋯⋯⋯⋯

天然奎寧 ⋯⋯⋯⋯⋯⋯⋯⋯⋯⋯⋯⋯⋯⋯⋯

西西里檸檬油 ⋯⋯⋯⋯⋯⋯⋯⋯⋯⋯⋯⋯⋯

天竺葵 ⋯⋯⋯⋯⋯⋯⋯⋯⋯⋯⋯⋯⋯⋯⋯⋯

迷迭香 ⋯⋯⋯⋯⋯⋯⋯⋯⋯⋯⋯⋯⋯⋯⋯⋯

橘子 ⋯⋯⋯⋯⋯⋯⋯⋯⋯⋯⋯⋯⋯⋯⋯⋯⋯

口味和香氣

氣味散發出百里香的清香，帶有柑橘和淡淡的迷迭香，天然奎寧的柔和苦味及藥草和柑橘的優雅氣味，伴隨著香檳般美麗的氣泡。

LEDGER'S TONIC WATER & CINNAMON

萊傑
肉桂通寧水

源 起

與萊傑通寧水相同,萊傑肉桂通寧水使用甜
葉菊取代了 HFCS(高果糖玉米糖漿)或其
他人工甜味劑製成,通寧水中的肉桂能刺激
胃液,因此讓人更喜愛與之調和的琴酒。你
可在〈中性通寧水〉的篇章底下瞭解萊傑通
寧水的起源。

成 分

碳酸水 ⋯⋯⋯⋯⋯⋯⋯⋯⋯⋯⋯⋯⋯⋯⋯⋯⋯

糖* ⋯⋯⋯⋯⋯⋯⋯⋯⋯⋯⋯⋯⋯⋯⋯⋯⋯⋯⋯

檸檬酸 ⋯⋯⋯⋯⋯⋯⋯⋯⋯⋯⋯⋯⋯⋯⋯⋯⋯⋯

肉桂香料 ⋯⋯⋯⋯⋯⋯⋯⋯⋯⋯⋯⋯⋯⋯⋯⋯

鉀和鈉(鹽)⋯⋯⋯⋯⋯⋯⋯⋯⋯⋯⋯⋯⋯⋯

奎寧 ⋯⋯⋯⋯⋯⋯⋯⋯⋯⋯⋯⋯⋯⋯⋯⋯⋯⋯⋯

口味和香氣

一款口感非常精緻的通寧水,帶有隱約、但
仍然可以品嘗得出來的肉桂香味。

---

* 審訂註:此系列均以甜菊醇取代糖。

LEDGER'S TONIC WATER & TANGERINE

萊傑
柑橘通寧水

甜葉橘

源 起

與萊傑通寧水相同，萊傑柑橘通寧水使用甜葉菊取代了 HFCS（高果糖玉米糖漿）或其他人工甜味劑：清爽的通寧水使人聯想到較為溫暖的氣候，因為它使用的是橘子。

你可在〈中性通寧水〉的篇章底下閱讀萊傑通寧水背後的完整故事。

成 分

碳酸水 ⋯⋯⋯⋯⋯⋯⋯⋯⋯⋯⋯⋯⋯⋯⋯

甜菊醇 ⋯⋯⋯⋯⋯⋯⋯⋯⋯⋯⋯⋯⋯⋯⋯⋯

檸檬酸 ⋯⋯⋯⋯⋯⋯⋯⋯⋯⋯⋯⋯⋯⋯⋯⋯

產自金雞納樹的奎寧 ⋯⋯⋯⋯⋯⋯⋯⋯

鈉 ⋯⋯⋯⋯⋯⋯⋯⋯⋯⋯⋯⋯⋯⋯⋯⋯⋯⋯⋯

橘子香料 ⋯⋯⋯⋯⋯⋯⋯⋯⋯⋯⋯⋯⋯⋯

口味和香氣

爽口的通寧水，就是通寧水該有的口感，具有獨特的橘子味和背景淡淡的檸檬味。

西班牙

ME PREMIUM TONIC WATER
ME
頂級通寧水

柚子

源　起
ME通寧水的配方基於眾多調酒專家的創造力，向天然和異國情調組合出的成分反差性致敬。ME通寧水由天然奎寧和日本柚子製成，日本柚子是和歌山野生的柑橘類水果，柚子是經過精心挑選的 —— 對增進ME通寧水的芳香特性至關重要。

成　分
碳酸水……………………………………………
糖…………………………………………………
檸檬酸……………………………………………
柑橘和黑胡椒的香料……………………………
奎寧………………………………………………
天然柚子香料……………………………………

口味和香氣
ME通寧水具有清新純淨的外觀，香味濃郁。柑橘的溫和香氣與甜美的堅果香氣來自日本柚子，口感清爽而複雜，入口帶有芳香的柑橘味和精美持久的氣泡口感。由於採用天然奎寧，此款通寧水不甜辛辣的尾韻中帶有酸甜的完美平衡。

ORIGINAL **PREMIUM TONIC CITRUS**

原創
頂級柑橘通寧水

源　起
原創頂級柑橘通寧水是由馬德里的壯麗公司
（Magnifique Brands）所生產。

成　分
碳酸水 ···
糖 ··
奎寧 ···
柑橘 ···
葡萄柚 ··

口味和香氣
外觀是清澈的藍色，帶有天然香氣和細小氣
泡。入口是新鮮的萊姆和酸檸檬，隨後是奎
寧的苦味，然後是淡淡的柳橙和葡萄柚味。

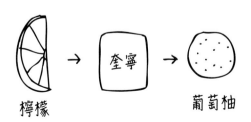

檸檬　→　奎寧　→　葡萄柚

西班牙

ORIGINAL PREMIUM TONIC MINT
原創
頂級薄荷通寧水

源　起
原始薄荷通寧水是由壯麗公司在馬德里生產
的優質通寧水，外觀的綠色能立即聯想到薄
荷，賦予其淡淡的香氣。

成　分
碳酸水⋯⋯⋯⋯⋯⋯⋯⋯⋯⋯⋯⋯⋯⋯⋯⋯⋯
糖⋯⋯⋯⋯⋯⋯⋯⋯⋯⋯⋯⋯⋯⋯⋯⋯⋯⋯⋯⋯
奎寧⋯⋯⋯⋯⋯⋯⋯⋯⋯⋯⋯⋯⋯⋯⋯⋯⋯⋯⋯
檸檬酸⋯⋯⋯⋯⋯⋯⋯⋯⋯⋯⋯⋯⋯⋯⋯⋯⋯⋯
薄荷香料⋯⋯⋯⋯⋯⋯⋯⋯⋯⋯⋯⋯⋯⋯⋯⋯

口味和香氣
一如其他款原創通寧水，原創薄荷通寧水也
輕度碳酸化。第一口飲下會立即品嘗到薄荷
味，使通寧水具有非凡的新鮮度，混合隱約
的柑橘味，薄荷在餘味中也很明顯。

綠色

PETER SPANTON TONIC N°4 CHOCOLATE
彼得・斯潘頓
四號巧克力通寧水

源　起

彼得・斯潘頓四號通寧水是一項大膽的見證：混合了新鮮薄荷和苦巧克力。四號通寧水是款驚人創舉，而且與之前的產品完全不同 —— 巧克力和薄荷的獨特結合，開發這種通寧水，主要是要與深色烈酒、蘭姆酒、白蘭地和杏仁甜酒搭配使用，但為什麼不用來調和琴酒呢？

成　分

碳酸水 ……………………………………………

糖 …………………………………………………

檸檬酸 ……………………………………………

巧克力和薄荷香料 ………………………………

苦木萃取物 ………………………………………

鉀和鈉（鹽）……………………………………

奎寧 ………………………………………………

口味和香氣

嗅覺上會聞到新鮮薄荷的香氣，脣和嘴會感覺到一絲巧克力的苦味。

PETER SPANTON TONIC N°5 LEMONGRASS

彼得・斯潘頓
五號香茅通寧水

源　起

此款通寧水包含香茅溫和的味道和淡淡的薑味，五號是傳統通寧水但略有不同，主要用於搭配伏特加和苦艾酒，但肯定也能搭配柑橘調琴酒。

彼得・斯潘頓通寧水背後的完整故事詳見於〈中性通寧水〉篇章。

成　分

碳酸水 ⋯⋯⋯⋯⋯⋯⋯⋯⋯⋯⋯⋯⋯⋯⋯⋯⋯

糖 ⋯⋯⋯⋯⋯⋯⋯⋯⋯⋯⋯⋯⋯⋯⋯⋯⋯⋯⋯

檸檬酸 ⋯⋯⋯⋯⋯⋯⋯⋯⋯⋯⋯⋯⋯⋯⋯⋯⋯

薑和香茅香氣 ⋯⋯⋯⋯⋯⋯⋯⋯⋯⋯⋯⋯⋯

鉀和鈉（鹽）⋯⋯⋯⋯⋯⋯⋯⋯⋯⋯⋯⋯⋯

奎寧 ⋯⋯⋯⋯⋯⋯⋯⋯⋯⋯⋯⋯⋯⋯⋯⋯⋯⋯

口味和香氣

真正的通寧水，口中帶有一絲檸檬的氣味和悠遠的薑味。

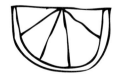

PETER SPANTON TONIC N°9 CARDAMOM
彼得・斯潘頓
九號小豆蔻通寧水

源　起

一如這系列的所有通寧水，彼得・斯潘頓九號小豆蔻通寧水因其微妙的香氣而令人驚為天人。使用小豆蔻為通寧水帶來美妙的溫暖感覺，是用來調製草本或複雜琴酒或反襯柔和琴酒的首選通寧水，請自行體驗。

你可以在〈中性通寧水〉篇章下閱讀彼得・斯潘頓通寧水的完整故事。

成　分

碳酸水 ⋯⋯⋯⋯⋯⋯⋯⋯⋯⋯⋯⋯⋯⋯⋯

糖 ⋯⋯⋯⋯⋯⋯⋯⋯⋯⋯⋯⋯⋯⋯⋯⋯⋯⋯

檸檬酸

小豆蔻香料 ⋯⋯⋯⋯⋯⋯⋯⋯⋯⋯⋯⋯⋯

鉀和鈉（鹽）⋯⋯⋯⋯⋯⋯⋯⋯⋯⋯⋯⋯⋯

奎寧 ⋯⋯⋯⋯⋯⋯⋯⋯⋯⋯⋯⋯⋯⋯⋯⋯⋯

口味和香氣

帶有小豆蔻精妙風味的通寧水：既甜美又濃郁，還帶有一絲悠遠的小黃瓜味。

SCHWEPPES PREMIUM MIXER GINGER & CARDAMOM

舒味思
頂級薑與小豆蔻通寧水 *

源　起

在高端系列中，舒味思選擇了一種基於百分之百天然糖份和成分的配方，這款芳香通寧水中造就其卓越品質的，正是薑和小豆蔻。通寧水中的含糖量少，香氣更濃郁。

成　分

碳酸水 ·····································

糖 ··

檸檬酸 ·····································

天然奎寧香料 ·························

薑 ··

豆蔻 ···

口味和香氣

舒味思頂級薑與小豆蔻通寧水中富含碳酸，可增強琴酒的香氣。「香味」（或香氣）主要是小豆蔻，但是喝起來主要會嘗到薑的味道。這種清新奇特的配方，使花香調琴酒的味道令人目眩神迷。

---

* 　編註：已停產。

比利時

SYNDROME INDIAN TONIC VELVET
症候群天鵝絨
印度通寧水 *

源　起

第二種版本的通寧水是餐飲業企業家賽爾
吉‧巴斯（Serge Buss）的心血結晶，他以在
安特衛普南區的酒吧彈跳（Bounce）和提基
酒吧（Tikibar），以及他的巴斯509號琴酒
（BUSS N°509，現有四款）而聞名。症候群
天鵝絨印度通寧水是真正的比利時通寧水：
所有成分都採購自比利時。必須說苦橙和百
里香添加得真是巧妙，打造出一款創新的通
寧水。

成　分

碳酸水 ···

糖 ···

檸檬酸 ···

奎寧 ···

柳橙和百里香的天然香料 ·····················

口味和香氣

初飲下口會嘗到細膩且帶有辛辣不甜的刺激
口感，當中注入強勁而均衡的碳酸，使其具
有持久又刺激的口感體驗。持久的苦味來自
加入生奎寧和柳橙，百里香則予人一種非常
優雅，淡淡的草本調。*

---

* 編註：已停產。

果香／花香
通寧水

智利

1724 Tonic Water
1724 通寧水

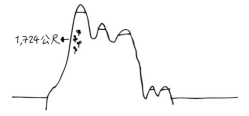

1,724公尺 ←

源 起

2012年，瑪芮琴酒（Gin Mare）的創始者帶
著1724通寧水問世，1724通寧水顯然是為
搭檔琴酒開發，你可以品嘗看看！要找到用
於1724通寧水的奎寧的精髓，必須先登高，
準確說來是海拔1,724公尺……不偏不倚就
是這個高度！你猜對了；這就是通寧水的名
稱，其所用的奎寧位處安地斯山脈所謂的印
加小徑上，以手工採摘……1724通寧水產於
智利。

成 分

碳酸水 ……………………………………
天然奎寧 …………………………………
糖 …………………………………………
橘子浸漬液 ………………………………

口味和香氣

1724通寧水透過在傳統與原創之間找到完美
的平衡，帶領你走向一個全新的高度。奎寧
因產自拉丁美洲而沒那麼苦，均衡的風味中
夾雜迷迭香和百里香的香味，優雅的珍珠泡
沫中略帶果香，尾韻散發出洋茴香調性。

FEVER-TREE ELDERFLOWER TONIC WATER

芬味樹
接骨木花通寧水

源　起

芬味樹接骨木花通寧水與其他芬味樹飲品在原味版本問世數年後推出，此款通寧水使用接骨木花，使其具有非常獨特的花香。為了製造這款特殊的通寧水，芬味樹通寧水使用在英國的鄉村地區採摘的接骨木花，更具體說是使用倫敦西北部科茨沃（Cotswolds）採摘的接骨木花。接骨木花的甜味和奎寧的苦味完美平衡，造就了芬味樹接骨木花通寧水的微妙特徵。你可在〈中性通寧水〉篇章下方閱讀芬味樹通寧水的完整故事。

成　分

泉水 ·······································

蔗糖 ·······································

檸檬酸 ·····································

天然奎寧 ···································

接骨木花萃取物 ·····························

口味和香氣

這種純淨透明的通寧水帶有甜美花香，並有淡淡的柑橘味。接骨木花和奎寧使味道完美平衡，餘韻溫和。

GENTS SWISS ROOTS PREMIUM TONIC

黃膽
瑞士頂級通寧水

源 起

這種通寧水由蘇黎世一家新創公司黃膽（Gents GmbH）所生產，這家公司的創立者是新聞記者兼公關專家漢斯・喬治・希德布蘭特（Hans Georg Hildebrandt），以及資深專家派崔克・茲賓登（Patrick Zbinden），還有年輕主廚拉夫・謝林（Ralph Schelling）和威德飯店（Widder Hotel）的酒保馬庫斯・布拉特納（Markus Blattner），眾人為這款通寧水的基礎提供了支持。「黃膽」這個品名的靈感來自當地一種藥草植物黃色龍膽，這種藥草植物廣泛使用於阿爾卑斯山區的眾多酒飲中。

黃色龍膽

成 分

碳酸水 ·····················
瑞士產糖用甜菜 ·············
萃取自西西里檸檬的檸檬香精 ···
祕魯奎寧 ···················
黃色龍膽萃取物 ·············

口味和香氣

成分的和諧混合，確保了風味的良好平衡，口感圓潤順口，帶有淡淡的花香。

INDI BOTANICAL TONIC
印地草本通寧水

源 起

印地通寧水由印地公司（Indi & Co）於2012年推出，源於西班牙的塞維亞（Seville）。為了尋求完美的飲品，西班牙開發商深入研究過自身的烹飪傳統、風味和色彩。在瓜達幾維（Guadalquivir）河谷，無論作為藥用或是用於烹飪，他們烘乾芳香藥草植物、柳橙和檸檬已有數百年歷史，由於他們意不在開發治療頭痛的藥物，因此在安達魯西亞人熱情洋溢的頭腦中開始產生印地通寧水的想法，透過將古老的傳統與奎寧和香草這樣的異國成分混合在一起，通寧水幾乎已見雛形……幾乎……

此款通寧水產於西班牙的聖瑪麗亞港（El Puerto Santa Maria），過程先將草本原料浸漬或浸泡在冷水和酒精中軟化，然後將所得液體於低溫在銅蒸餾壺中蒸餾，如此可慢慢蒸餾出較細緻的蒸餾液，從而確保能真實留住口味和風味，最後再加入純水、白糖和蔗糖。

成 分

純水 ……………………………………………
奎寧 ……………………………………………
糖 ………………………………………………
草本香料：塞維亞的橙皮、印度黑孜然（kalonji）、亞洲植物露兜花（kewra）、印度小豆蔻

印地通寧水完全手工製作，只含百分之百的天然成分。

口味和香氣

強烈的柑橘味和淡淡的橙皮味，為小豆蔻的芳香和新鮮露兜花帶來完美的和諧。黑孜然隱約辣口，並與奎寧的苦味和糖的甜味完美融合。儘管我們更喜與琴酒搭配，但印地通寧水肯定可以單獨飲用。

LEDGER'S TONIC WATER & LICORICE
萊傑
甘草通寧水

八角

源　起

與萊傑通寧水相同，萊傑甘草通寧水使用甜
葉菊取代了HFCS（高果糖玉米糖漿）或其
他人工甜味劑。這款通寧水很有特色，口味
更佳，使用甘草讓這款飲品具帶有微妙的八
角香味。

成　分

碳酸水 ··

糖* ··

檸檬酸 ··

甘草香料 ··

鉀和鈉（鹽）··

奎寧 ··

口味和香氣

一入口會使你想起柳橙，隨後有淡淡的甘草
味，甜葉菊則提供了甜味。

---

* 　審訂註：此系列均以甜菊醇取代糖。

ORIGINAL PREMIUM TONIC BERRIES
原創
頂級莓果通寧水

源　起
粉紅原創通寧水由馬德里壯麗公司所生產。

成　分
碳酸水 ··
糖 ··
奎寧 ··
柑橘 ··
紅色水果 ··

紅色水果

口味和香氣
這種果香通寧水呈現柔和的粉紅色和天然香氣，比起原始版本的氣泡較粗，在苦味和甜味之間達到完美的平衡。紅色水果味緩慢出現，尾韻爆發完美融合的柑橘調。

Q TONIC
Q 通寧水

源　起

Q通寧水是Q飲品公司（Q Drinks）皇冠上的一顆珍寶，此款通寧水由創辦人喬丹・希爾伯特（Jordan Silbert）在紐約市布魯克林開發而成，該產品在麻薩諸塞州伍斯特市（Worcester）裝瓶。2002年，希爾伯特開始在自己的車庫裡開發通寧水，因為他相信太多的軟性飲料中使用合成奎寧。他從祕魯線上訂購了金雞納樹皮，僅花了10美元，事實證明這是一筆不錯的投資。2004年，他要求專家幫助進一步開發該配方，在當中添加了龍舌蘭糖漿，使配方更甜。Q酒飲公司終於在2006年開業。

成　分

礦物質含量高的泉水 ⋯⋯⋯⋯⋯⋯⋯⋯⋯
檸檬酸 ⋯⋯⋯⋯⋯⋯⋯⋯⋯⋯⋯⋯⋯⋯⋯
祕魯金雞納樹皮 ⋯⋯⋯⋯⋯⋯⋯⋯⋯⋯⋯
墨西哥龍舌蘭糖漿 ⋯⋯⋯⋯⋯⋯⋯⋯⋯⋯

口味和香氣

Q通寧水氣味柔和但辛辣，並且略帶鹹味。此款通寧水肯定不甜，才能使琴酒的味道發揚光大，土壤味的基調確保奎寧不占主導地位。

英 國

SCHWEPPES PREMIUM MIXER ORANGE BLOSSOM & LAVENDER

舒味思
頂級橙花與薰衣草通寧水

源 起
舒味思為其頂級系列選擇了一種基於百分之百天然糖和百分之百天然成分的配方。

成 分
薰衣草 ....
橙花 ....
碳酸水 ....
糖 ....
檸檬酸 ....
天然香料 ....
奎寧 ....

口味和香氣
巧妙處理的薰衣草和橙花的味道，讓花朵的香氣在嘴中完全舒展，予人地中海的愉悅氣息，再配上這款通寧水經典的粗碳酸氣泡。

英 國

SCHWEPPES PREMIUM MIXER PINK PEPPER

舒味思
頂級粉紅胡椒通寧水

源 起
舒味思為其頂級系列選擇了一種基於百分之
百天然糖和百分之百天然成分的配方。

成 分
碳酸水 ···
糖 ···
檸檬酸 ···
天然香料 ···
奎寧 ···
粉紅胡椒 ···

口味和香氣
一款冒險的口味,當中的要角成分粉紅胡椒
已被仔細研究過能突顯酒飲的本質,並增加
了果香和叛逆的調性。

果香 / 花香 通寧水

85

比利時

SYNDROME INDIAN TONIC RAW
症候群生印度通寧水 *

源 起
來自安特衛普的餐飲企業家賽爾吉·巴斯以在安特衛普南區的酒吧酒吧彈跳和提基酒吧,以及他的巴斯509號琴酒(現有四款)而聞名。他生產了第一款比利時頂級通寧水,這是真正的比利時通寧水:所有成分都採購自比利時。另一方面,水晶般清澈的水源來自德國,該款通寧水也在德國裝瓶。症候群通寧水偏老式做法,並以19世紀正宗化學家配方為基礎,透過添加異國情調的水果香柑——一種不尋常的黃色柑橘類水果,產自遠東地區,果實部分像是手指的形狀——賽爾吉成功生產出一鳴驚人的通寧水。

成 分
碳酸水 ....
糖 ....
天然奎寧 ....
香柑 ....

口味和香氣
入口你會嘗到柔和並略帶果香調的風味,強勁而均衡的碳酸注入帶來持久而粗刺的口感體驗,持久的苦味是加入生奎寧的結果。

---

* 編註:已停產。

THOMAS HENRY ELDERFLOWER TONIC

湯瑪士亨利
接骨木花通寧水

接骨木花

源　起

湯瑪士亨利接骨木花通寧水是該公司最新推出的產品，有關湯瑪士亨利的更多歷史，請參見〈中性通寧水〉下的條目。接骨木花的藥用特性已有數百年歷史，但如今也用於許多其他用途，包括作為利口酒或雞尾酒中的成分，甚至用於香檳。湯瑪士亨利接骨木花通寧水也是琴酒的理想搭檔，些許的花香完美平衡杜松的風味。

成　分

天然礦泉水

糖 ....

碳酸水 ....

檸檬酸 ....

調味料：奎寧 ....

接骨木花 ....

口味和香氣

淡淡甜美的花香。

大品牌

全 球

KINLEY TONIC
金利通寧水

源 起
金利通寧水於1971年由可口可樂公司首次引進德國，現已出口到整個歐洲和亞洲。

口味和香氣
單刀直入的通寧水滋味，背景有淡淡甜美的風韻。

成 分
氣泡水 ·····························

糖 ·································

檸檬酸 ··························

調味香料 ·······················

奎寧 ·······························

防腐劑（山梨酸鉀）·············

抗氧化劑（抗壞血酸）··········

NORDIC MIST TONIC WATER
北歐薄霧通寧水

源 起

北歐薄霧通寧水由可口可樂公司於 1992 年在
紐約、波士頓、匹茲堡和費城推出。

口味和香氣

北歐薄霧通寧水散發出些許的松木味，奎寧
苦味表現強勁。

成 分

氣泡水 ....
糖
檸檬酸 ....
香料
奎寧
苯甲酸鈉 ....

SCHWEPPES INDIAN TONIC
舒味思印度通寧水

源 起

舒味思印度通寧水以英國在印度殖民飲用的
飲品為基礎，這種飲品由奎寧、糖和苦橙皮
混合而成，可預防瘧疾。此款通寧水由吉百
利舒味思公司（Cadbury Schweppes）於 1870
年首度在倫敦生產。

口味和香氣

辛辣不甜和初入口帶苦味。

成 分

碳酸水 ....
糖
檸檬酸 ....
香料
奎寧香料

非常規之選

低卡通寧水：
有意義，還是沒有意義？

　　各品牌都有銷售各自的低卡通寧水，那些沒有生產的公司很可能會效仿，畢竟，這年頭的軟性飲料有哪家沒有生產低卡或零卡版本的飲品？合成甜味劑、果糖、龍舌蘭糖漿或甜葉菊取代了糖，這不表示合成甜味劑已經有很長一段時間沒有受到攻擊。另一方面，甜葉菊聲稱是健康的，或者至少較為健康，這種藥草植物是天然的（源於南美一種常綠灌木），比冰糖甜三百倍，且絕對不含卡路里。到目前為止，市場上有幾款僅採用這種甜味劑的通寧水，例如萊傑通寧水（請參閱〈中性通寧水〉篇章）。在果糖和龍舌蘭糖漿方面，則是取折衷的中間路線。但是我們為什麼要用低卡通寧水來調製琴通寧呢？不完全是因為卡路里。一般通寧水每100毫升平均含35大卡，適當調製的琴通寧約含有150毫升的通寧水，熱量約53大卡，差異可以忽略不計。所以，何必煩惱熱量，除非你真的很喜歡低卡通寧水的口味。低卡通寧水比經典版本的家族成員稍「淡」一些（較不甜），這導致口味上更加著墨於琴酒的口味，這就是為什麼我們決定還是提供幾款低卡通寧水的原因。

英 國

FENTIMANS LIGHT TONIC WATER
梵提曼低卡通寧水

源 起

梵提曼低卡通寧水是按照傳統梵提曼方法製
造的，僅使用百分之百的天然成分，味道肯
定不遜於經典版本，但一瓶所含卡路里卻減
少了33%。你可以在梵提曼通寧水篇章下閱
讀梵提曼的完整故事。

成 分

蘇打水···

糖···

檸檬酸···

天然香料··

奎寧···

杜松子等草本浸漬液····································

肉桂··

泰國青檸葉··

口味和香氣

這款通寧水帶有草本香氣，嗅覺上有檸檬、
香茅和薑的味道，它帶有典型梵提曼的柑橘
味，但較不甜。

英 國

FEVER-TREE NATURALLY LIGHT INDIAN TONIC WATER

芬味樹
自然印度低卡通寧水

源 起

芬味樹自然印度低卡通寧水是百分之百天然
的低卡通寧水，並不遜於一般版本，使用果
糖或水果糖份而非人工甜味劑製造這款通
寧水，每200毫升瓶裝僅含41大卡。你可在
〈中性通寧水〉篇章下閱讀芬味樹的完整故
事。

成 分

泉水 ....

純果糖 ....

檸檬酸 ....

天然調味香料 ....

天然奎寧 ....

口味和香氣

味道至少是柔和的，尾韻與芬味樹通寧水一
樣純淨，但一般版本的卡路里略高。當中帶
有萊姆和淡淡柑橘香氣，一如一般版本，奎
寧天然的苦味帶來平衡。純淨的尾韻和不黏
的口感，在低卡通寧水版本中更加明顯，這
使得芬味樹自然印度低卡通寧水優雅出眾。

不服氣？
那就自己做通寧水吧！

　　你可以隨時製作自己的通寧水。上網查查，你會發現各種對你大有幫助的配方。還有另一種選擇：通寧糖漿，使用通寧糖漿能將琴通寧提升到截然不同的層次。神奇之處在於口味，代表你的個人品味。糖漿決定了琴通寧的口味。通寧糖漿只能與蘇打水（碳酸水）混合，量完全取決於你：太苦了嗎？那就多加一點蘇打水；太溫和嗎？那就加入更多糖漿，沒有比這更簡單的了。此外，大多數通寧糖漿都是由百分之百純天然的優質成分製成，使用通寧糖漿能使你的琴通寧提升到另一境界。本書初版時市面上只有一款通寧糖漿可用 —— 約翰頂級通寧糖漿（John's Premium® Tonic Syrup），最大缺點是這種糖漿是在亞利桑那州鳳凰城生產，如此費力加上高昂的進口成本，無疑使大多數人都到當地的酒飲零售商或琴酒專家那裡，以獲取優質的通寧水。現在我們有個好消息分享給你：你現在可以在美國找到數十種非酒精性的通寧糖漿 —— 請務必造訪www.OnlyBitters com/tonics（全球運送）—— 在歐洲，我們見證多個品牌出現，我們認為這種小玩意兒也會在不久的將來在這裡扎根，我們為你精選了幾款*，對那些喜愛重口味的人，也能買到通寧苦精。

---

* 　不要忘了：通寧糖漿是手工製作，且百分之百純天然，這意味著效期有限，我們能說的是讓糖漿保持冷卻狀態，並在效期前使用完畢。

BTW BERMONDSEY TONIC SYRUP
BTW 伯蒙德賽
通寧糖漿

BTW研究室基於維多利亞女王時代的配方，創造出這首
款英國手工製作的通寧糖漿，將金雞納樹皮浸泡在純水
中以抽取出奎寧，僅添加糖和檸檬酸。生產者不過濾糖
漿（此步驟異於正宗配方），如此便能保持褐色的糖漿，
並在添加蘇打水時完整發泡。使用糖漿的方式很簡單：
將25毫升的BTW通寧糖漿加到50毫升的琴酒中，並添
加蘇打水來創造自己的獨特口味。

PHENOMENAL TONIC SYRUP
非凡通寧糖漿

兩位德國好友彼得・漢德（Peter Hundert）和亨德里克・
紹林（Hendrik Schaulin）想要創作出一款與市面上常見用
來混合琴酒的通寧水有所不同的產品，他們開始嘗試自
己的創作，直到最終設計出基於柑橘、薑、香茅和龍舌
蘭糖漿的配方，他們的糖漿完全投市場所好，於是決定
生產非凡通寧糖漿。這種糖漿也很易於使用：將20毫升
糖漿與100毫升冰鎮的蘇打水混合，通寧水即刻可得。

43%

THE BITTER TRUTH TONIC BITTERS
真的苦
通寧苦精

真的苦公司（Bitter Truth GmbH）是史帝芬·伯格（Stephan Berg）的德國老牌公司，他的照片在酒標的左側，亞歷山大·豪克（Alexander Hauck）則在右側。他們主要專注於行銷帶有濃烈酒精香氣的苦精（例如以桃子、柳橙、芹菜、小黃瓜，甚至以巧克力為基底），酒吧裡的專業人士喜歡運用這種苦味讓雞尾酒有更多花樣，他們的產品範圍還包括通寧苦精。這種苦精──只需幾滴就夠了──包含柚子、西西里檸檬、萊姆、柳橙（產自塞維亞）、杜松子、鳶尾根和日本綠茶的混合物。這是能讓你的琴通寧花招百出的理想方式！

琴 酒
分 類

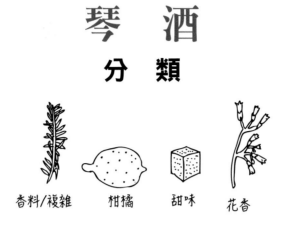

香料/複雜　　柑橘　　甜味　　花香

　　從歷史的角度看，我們可以將琴酒分為許多**經典類別**：老湯姆琴酒、倫敦干型琴酒、蒸餾琴酒、普利茅斯琴酒和合成琴酒。

　　由於最近琴酒爆紅，現下我們比這些經典分類更進一步，利用風味象限圖，十字的四個分支分別代表不同的口味：**香料／複雜、柑橘、甜味和花香**，這種風味象限圖於2010年首次出現在酒吧社群界的領航性雜誌*IMBIBE*中。

　　在2010年，琴酒的口味圖像沒有考慮到琴酒的爆炸性成長，也沒有考慮到發明家和製酒師的創造力。隨著近幾年開發出新一代的琴酒之外，也發展出全新的口味體驗，這要感謝冷門藥草植物的使用，可謂使口味充滿異國情調。這些琴酒上在風味象限圖上並不容易定位，因此，我們會單獨處理該類別琴酒。

　　在這種分類方式中，我們還將為你提供有關哪款通寧水 —— 或哪種類型的通寧水 —— 與哪種琴酒最為搭配

的建議。現在你已知道我們能將通寧水分為三種口味：中性、芳香和果香／花香。換句話說，針對每種琴酒，我們還將提供通寧水口味的類別，然後你可以從中選擇

中性

果香/花香

芳香

自己喜歡的口味。我們還將透過**琴通寧風味象限圖**（琴酒與通寧水口味的搭配）的視覺輔助來支持這些描述，因此你將能夠清楚知道如何進行這些搭配。

　　現在，我們將暫時擱置裝飾，當務之急是從基本知識開始，暫時將重點放在事物的實際情況，因此裝飾的使用取決於對你喜愛的琴通寧成分的分析，僅此而已。但不用擔心，在下一章，我們將把理論落實到實作上。

　　本書的後續部分會選出19款最傑出的琴酒，我們將為你提供一些完整的琴通寧配方，包括裝飾物，以啟發你開始自己的創作。

　　無論如何，讓我們從頭開始……

經典呈現

老湯姆琴酒

　　老湯姆琴酒之名是指甜味（復古）琴酒，就像琴酒熱潮時生產的那種琴酒，這種琴酒現在很少使用，但是由於經典雞尾酒的復興，老湯姆琴酒再次重新生產，並且變得愈來愈容易取得。這種琴酒比倫敦干型琴酒甜，比荷蘭琴酒不甜一些，因此有時被認為是失落的一環。老湯姆這個名字很可能起源於 18 世紀，當時各種酒吧會在外牆上架設一隻黑貓形式的木牌 —— 老湯姆，渴了的路人可以把一分錢扔進貓的嘴裡，而酒保則會透過一根從貓掌中伸出的小管子倒出一小杯琴酒，從此，史上第一部自動飲料販賣機誕生了！在撰寫本書時，市場上大約有五款老湯姆琴酒，以下為四款，你可以在〈熟成琴酒〉篇章中找到第五款。

　　老湯姆琴酒不會與通寧水搭配使用，但最近又重回市場，使調酒師有機會復興復古琴酒雞尾酒（像是湯姆可林斯 Tom Collins 或馬丁尼茲），並將此類調酒重新列入酒單。如果你喜歡嘗試這些甜琴酒，請純飲。

BOTH
OLD TOM
GIN

BOTHS
BOTHS

Alc. 47% vol.   94 Proof

BOTTLED BY
THE BOTH DISTILLERY

ESTᴰ 1886

47%

BOTH'S OLD TOM GIN
伯斯老湯姆琴酒

成　分
無資料

搭配建議
純飲或用於復古雞尾酒

源　起
伯斯老湯姆琴酒是伯斯蒸餾廠生產的唯一琴酒，創立此一產品是為了重製這種復古甜琴酒。47%的高酒精濃度表示，相較於其他酒精濃度較低的老湯姆酒款，此款琴酒是獨特的，酒瓶上的酒標以毛氈製成，並帶有金色表面裝飾的細節，酒瓶的外觀立即喚起了老湯姆琴酒1700年代的輝煌歲月。

口味和香氣
伯斯琴酒氣味比較柔和，帶有淡淡的甜味和溫和的花香。飲入口中會獲得濃郁的水果甜味，然後是濃郁的花香氣息。強烈的紫色薰衣草氣味明顯，在背景中柔和的杜松味中尤為明顯。即使這是一款酒體結實的琴酒，尾韻卻相對順口。

HAYMAN'S OLD TOM GIN
海曼老湯姆琴酒

源 起

海曼家族是英國最古老的蒸餾家族之一，海曼老湯姆琴酒的配方最初是在19世紀末至20世紀初之間生產的，在2007年重新推出，緣於酒保和調酒師的需求不斷增加，他們希望將酒體強度帶回到他們經典的琴酒雞尾酒中，就像「咆哮的20年代」（roaring 20s）一樣。19世紀時，家族企業由詹姆士·伯洛（James Burrough）接管，他也持有英人琴酒（Beefeater Gin）的配方。

口味和香氣

海曼老湯姆琴酒是一款強烈草本調的微甜琴酒，這點與其他琴酒不同。該款琴酒用於製作眾多經典雞尾酒的配方，例如湯姆可林斯或馬丁尼茲。

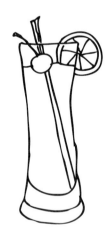

湯姆可林斯

---

* 審訂註：已由 Hayman's Gin Liqueur 取代。

成 分

杜松子⋯⋯⋯⋯⋯⋯⋯⋯⋯
芫荽籽⋯⋯⋯⋯⋯⋯⋯⋯⋯
歐白芷根⋯⋯⋯⋯⋯⋯⋯⋯
柳橙和檸檬皮⋯⋯⋯⋯⋯⋯
鳶尾根粉⋯⋯⋯⋯⋯⋯⋯⋯
以及其他成分

搭配建議

純飲，搭配中性通寧水或用於復古雞尾酒

其他琴酒產品

· 海曼1820年琴酒（Hayman's 1820 Gin Liqueur*）／酒精濃度40%／柑橘調琴酒
· 海曼1850年特選琴酒（Hayman's 1850 Reserve Gin*）／酒精濃度40%／熟成琴酒
· 海曼黑刺李琴酒（Hayman's Sloe Gin）／酒精濃度26%／黑刺李利口酒
· 海曼皇家海軍琴酒（Hayman's Royal Dock Gin）／酒精濃度57%／高強度琴酒

jensen

jensen's
london
distilled
old
tom
gin

bermondsey gin ltd.,se1 3tq

70cl. e 43%vol.

TD12/164

43%

JENSEN'S OLD TOM GIN
詹森老湯姆琴酒

源 起
此款老湯姆琴酒是克里斯汀·詹森（Christian Jensen）的產品，他最初想創造一款倫敦干型琴酒。造訪日本時，他有機會品嘗到各種老琴酒，有些可以追溯到40年代。負責讓他品嘗這些珍品的酒保向克里斯汀挑戰製作他自己的老湯姆琴酒，他於是向泰晤士蒸餾廠（Thames Distillers）送樣，在嘗試許多配方後，他們開發出詹森伯蒙德倫敦干型琴酒（Jensen's Bermondsey London Dry Gin）。隨著該款琴酒的成功，克里斯汀再次將精力投入挑戰，最終創造出詹森老湯姆琴酒。老湯姆琴酒源於1840年代的配方，其中強調口味純正，杜松子扮演了主導作用。該款琴酒的甜味不是透過添加糖產生，而是源自甘草根。

口味和香氣
詹森老湯姆琴酒有尤加利和杜松子的香氣，還有甘草、橙皮和一點杏仁味。口味主要是尤加利，次為甘草。尤加利的尾韻悠長，並帶有蔬菜調。

成 分
杜松子
甘草
尤加利

搭配建議
純飲，搭配中性通寧水或用於復古雞尾酒

其他琴酒產品
· 詹森伯蒙德塞倫敦干型琴酒（Jensen's Bermondsey Gin）/ 酒精濃度43% / 經典琴酒

40%

SECRET TREASURES OLD TOM STYLE GIN
祕密寶藏
老湯姆式琴酒

成　分
產自義大利亞平寧山脈
（Apennines）的成熟杜松子
和其他藥草植物（未列出）
以及香精

搭配建議
純飲或用於復古雞尾酒

源　起
此款琴酒是祕密寶藏系列的一部分，祕密
寶藏是德國哈羅麥斯公司（Haromex）的
一系列高級烈酒，此款琴酒每年僅生產700
瓶，使其奇貨可居。祕密寶藏老湯姆式琴
酒於2007年問世，並於同年在柏林調酒展
（Berlin Bar Show）中被提名為「年度烈酒」。

口味和香氣
祕密寶藏老湯姆式琴酒的香氣甜而帶土味，
微弱的杜松子味在口中完全散發，口感辛辣
不甜，尾韻悠長，帶有隱約的微甜。

The
SECRET TREASURES

倫敦干型琴酒

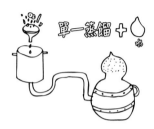

　　倫敦干型琴酒是一種含有定性成分的琴酒，可代表一種高品質的標籤，換句話說，倫敦干型琴酒是一種資格，表示透過單一蒸餾法，在蒸餾過程中所有成分都一起蒸餾，蒸餾過程後唯一可以添加的成分是水。倫敦干型琴酒是琴酒製作的一種經典風格，與產地沒有特別關聯，因此琴酒不需產自倫敦。倫敦干型琴酒是用傳統蒸餾器所製造，將乙醇和所有香料一起重新蒸餾。

　　倫敦干型琴酒必須符合條件才能貼上該酒標（歐盟法規）：

▼ 必須是高品質乙醇，在100%酒精容積中，酒精中的甲醇含量不得超過每百升5克的最大值。

▼ 所用的香料必須是天然的，且僅能用於在蒸餾過程中添加風味。

▼ 禁止使用人工香料。

▼ 所得蒸餾液必須含有至少70%的酒精濃度。

▼ 蒸餾後可加入更多乙醇，但是必須具備相同品質。

▼ 只要糖份不超過最終產品中每升0.5克的最大含量，就可以針對蒸餾液增甜。

▼ 蒸餾後添加的唯一其他成分只有水。

■ 在任何情況下倫敦干型琴酒均不得染色。

蒸餾琴酒

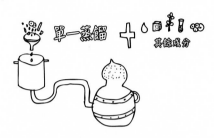

　　蒸餾琴酒的特色與倫敦干型琴酒相同，但可以在蒸餾過程後額外添加浸漬液，或是在蒸餾過程中添加額外成分，許多「頂級琴酒」都屬此類。

合成琴酒

　　合成琴酒主要由一些添加的調味香料和萃取物組成，通常根本沒有對藥草植物進行實際蒸餾，酒標上通常只會說這是琴酒，超市中或酒商自有品牌琴酒大多是合成琴酒。

普利茅斯琴酒

　　普利茅斯琴酒是一種由黑袍修士蒸餾廠（Black Friars Distillery）在曾經是道明會修道院的牆內製造的琴酒，這個地方位於哪裡？你猜對了，位於普利茅斯。普利茅斯琴酒在20世紀初開始流行，並且還受地理標識保護，連結了所有在普利茅斯蒸餾的琴酒。時至今日只有一款琴酒具備這項區別性：普利茅斯琴酒。

　　普利茅斯琴酒應搭配中性通寧水。

英國

41.2%

PLYMOUTH GIN
普利茅斯琴酒

源起

1793年，福克斯（Fox）和威廉森（Williamson）在古老的道明會修道院裡開始蒸餾普利茅斯這個品牌。此後不久，福克斯與威廉森公司變成知名的寇特斯公司（Coates & Co），一直持續到2004年3月。2005年，該品牌被瑞典V&S集團收購，但自2008年起由法國保樂力加公司所有至今。第一瓶普利茅斯琴酒在後酒標的內側描繪了一名修道士，到了2006年，酒瓶的形式發生變化，變得更具裝飾藝術風格，正面有五月花號（Mayflower）的照片。2012年，普利茅斯琴酒再次改變外觀，以更經典的綠色玻璃瓶身返璞歸真。普利茅斯琴酒使用至少7種不同的藥草植物、香料及純穀物酒精的獨特配方進行蒸餾。1999-2006年間，普利茅斯琴酒從「國際烈酒挑戰賽」「飲料測試協會」「國際葡萄酒與烈酒大賽」和「舊金山世界烈酒大賽」上榮獲多項大獎。

口味和香氣

杜松的香氣很明顯，但也有薰衣草、樟腦、檸檬、鼠尾草和尤加利的支撐。口味鮮活，帶有一點檸檬和柳橙的味道，該款琴酒的特色在於微量添加了芫荽和白胡椒粒。

成分

杜松子 ⋯⋯⋯⋯⋯⋯⋯⋯⋯⋯⋯⋯⋯
小豆蔻 ⋯⋯⋯⋯⋯⋯⋯⋯⋯⋯⋯⋯⋯
鳶尾根 ⋯⋯⋯⋯⋯⋯⋯⋯⋯⋯⋯⋯⋯
芫荽 ⋯⋯⋯⋯⋯⋯⋯⋯⋯⋯⋯⋯⋯⋯
檸檬和橙皮 ⋯⋯⋯⋯⋯⋯⋯⋯⋯⋯⋯

搭配建議

中性通寧水或經典雞尾酒

其他琴酒產品

• 海軍強度普利茅斯琴酒（Plymouth Gin Navy Strength）/ 酒精濃度57% / 高強度琴酒

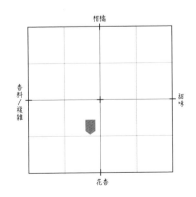

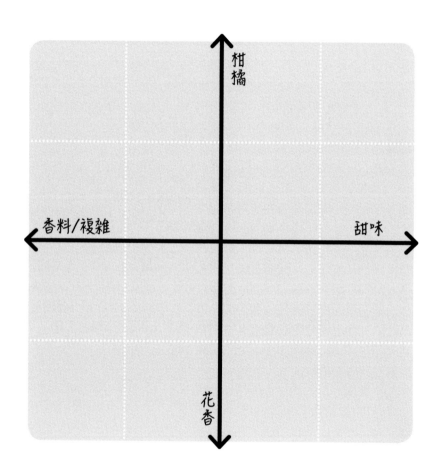

柑橘

香料/複雜　　　　　　　　　　甜味

花香

根據風味象限圖分類

為了正確展示風味象限圖的用法，我們將列舉幾款代表性的新世代琴酒，並將這些酒擺在首版的風味象限圖中。

請注意：這並不是說像龐貝藍鑽特級琴酒、英人琴酒、高登琴酒之類的老牌琴酒就不能在風味象限圖上占有一席之地，典型的倫敦干型琴酒因其經典的琴酒風味而接近圖表中心。

由於不想讓任何人「飢渴」太久，因此我們也讓通寧水在風味象限圖上占有一席之地。在第二版中，我們立即闡明應將某款通寧水與某款琴酒搭配使用。

原則上，中性通寧水可以與任何琴酒搭配使用，但是中性通寧水確實與經典的倫敦干型琴酒一起現身在風味象限圖的中央。

首先，我們將集中討論新式西方琴酒或新世代琴酒。

新式西方琴酒或新世代琴酒

新世代琴酒（New Generation gin）的歷史可追溯到2000年，主要風味是杜松子但整體香氣呈藥草調而平衡。新式西方琴酒（New Western gin）這個詞是由萊恩・馬加里安（Ryan Magarian）提出的，他是美國享譽國際的調酒師，也是飛行琴酒（Aviation Gin）的共同創辦人，新式西方琴酒這個詞彙同時已經在調酒學領域根深蒂固。作為本書作者，我們還將上一代琴酒納入在新世代琴酒的標題下，為什麼？唯一理由是讓你更簡而易懂。

你已經是專業人士了嗎？好吧，那麼你無疑已經很熟悉新式西方琴酒這個詞，可以放心跳過以下評論。

新式西方琴酒源於大品牌廠商、地區蒸餾廠和琴酒專家的共同努力。專家指的是那些熱情的信徒，他們敲開蒸餾廠大門來製造自己的琴酒，在看遍各種可取得的干型琴酒之後，他們都觀察到創造出更多「口味自由度」新琴酒的巨大潛力；因此，有機會讓其他藥草植物與杜松子一樣成為鎂光燈焦點，畢竟杜松子已經擔任多年主角。從法律上說，必須維持杜松子為主要風味，但是新世代琴酒不僅由杜松來定義，還伴隨其他香料的精心整合。

根據萊恩・馬加里安的說法，坦奎瑞麻六甲琴酒（頁329）是史上第一支新式西方琴酒之一。該品項於1997年首度問世，由於成績有限，很快就在2001年被市場淘汰。有可能十年前還不是琴酒進化的好時機，或者稱其為琴酒革命更適切，然而今日卻是另一種光景了。2013年，該品項重新公開發售，並證明達到巨大的成功。亨利爵士琴酒（頁313）也齊頭並進，製造出帶有小黃瓜和保加利亞玫瑰香氣的琴酒，於此另闢蹊徑，帶領其他新的手工琴酒只自滿於展示自身創造力和區域特色而存在，市場上供應的新式西方琴酒的數量正在增加，並且一直持續到今日。

保加利亞玫瑰

小黃瓜

風味象限圖和幾款代表性琴酒

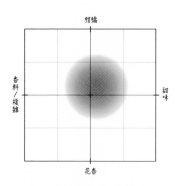

柑橘

香料／複雜

甜味

花香

中央：經典倫敦干型琴酒
搭配中性通寧水

　　如前所述，倫敦干型琴酒是製造琴酒的經典風格，也是高品質的標籤，此外，它與製造琴酒的地點或味道並無關係。

　　的確，倫敦干型琴酒（在過去幾年的「琴酒爆紅」之前）被認為是典型的琴酒風味：帶有強烈的苦味（甜味），以及柑橘味和不甜辛辣的尾韻。如今，貼有「倫敦干型琴酒」酒標的琴酒與過去的干型琴酒幾乎沒有共通處。

　　不過可以肯定的是，琴酒必須遵循某些歐盟法規和條件，才能貼上倫敦干型琴酒的酒標（見頁108）。有許多符合這些規定的新琴酒，因此也屬於此類，這些琴酒符合倫敦干型琴酒法規，但是引入了新的藥草植物和蒸餾技術，使其遠離風味象限圖的中心。綜上所述：靠近中央的琴酒帶有經典倫敦干型琴酒的風味，離象限圖中央的距離愈遠，風味便愈顯不同，或者換句話說，柑橘味、花香、甜味、香料／複雜性在琴酒中的表現就愈多。

40%

BEEFEATER GIN
英人琴酒

源　起

保樂力加公司擁有英人琴酒，並由詹姆士‧伯洛公司（James Burrough Ltd.）裝瓶和經銷。直到1987年，伯洛家族一直擁有英人琴酒，將此酒命名為Beefeaters，指的是皇家近衛軍儀仗衛士（Yeomen Warders）：倫敦塔的儀式衛兵。英人琴酒產品的獨特之處在於，將檸檬皮和橙皮、整個杜松子以及其他藥草植物浸泡24小時，然後再進行蒸餾，此過程可確保香氣完全萃取出來。蒸餾本身大約需耗時8小時，全程由首席製酒師德斯蒙德‧佩恩密切監督。

口味和香氣

市場上的經典作品之一，也是最知名的典型倫敦干型琴酒，有杜松子、黑胡椒和柳橙的風味。英人琴酒風味強烈又辛辣不甜，口感有劇烈柑橘調和杜松子的餘韻。

 www.beefeatergin.com

成　分

杜松子 ....
歐白芷根 ....
歐白芷根籽 ....
芫荽籽 ....
甘草根 ....
杏仁 ....
鳶尾根 ....
塞維亞柳橙 ....
檸檬皮 ....

搭配建議

中性通寧水

其他琴酒產品

- 英人24琴酒（Beefeater 24）/ 酒精濃度45% / 花香調琴酒
- 英人伯洛典藏琴酒（Beefeater Burrough's Reserve）/ 酒精濃度43% / 熟成琴酒

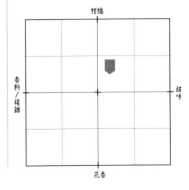

柑橘

香料／複雜　　　　　　　　甜味

花香

40%

GREENALL'S LONDON DRY GIN
格林諾
倫敦干型琴酒

源　起

格林諾倫敦干型琴酒最早是在1761年開發出來，後來的版本與原始的家族配方相比變化不大，在過去兩百五十年間，該款琴酒都在沃靈頓（Warrington）進行蒸餾，該酒廠由湯瑪士・達金（Thomas Dakin）創立，他在1860年將酒廠賣給格林諾家族，格林諾家族的工藝和專業知識代代傳承至今，由第七代製酒師喬安・摩爾（Joanne Moore）負責細細監督格林諾酒的品質。

口味和香氣

琴酒的口感清新誘人，帶有杜松子和柑橘類水果的風味，這是一款傳統的倫敦干型琴酒，平衡感十足，口感圓潤不太複雜。

成　分
無資料

搭配建議
中性通寧水

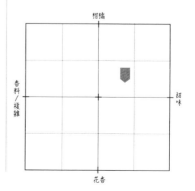

Greenall's

英　國

40 %

MARTIN MILLER'S DRY GIN
馬丁米勒干型琴酒

45 %

MARTIN MILLER'S WESTBOURNE STRENGTH GIN
馬丁米勒
威斯特波恩強度琴酒

源　起

「源自於愛、執著和某種程度的瘋狂」是這款出色琴酒的絕佳標語。該酒款創於1997年，馬丁‧米勒和兩位朋友坐在酒吧裡喝了一口難喝的琴通寧時產生的創意。一如其他許多人，他們著手追求完美的琴酒，畢竟馬丁堅信最好的琴酒是由至少十種藥草植物蒸餾而成。馬丁米勒琴酒在英格蘭中部伯明翰（Birmingham）附近的黑鄉（Black Country）進行少量蒸餾，他們的蒸餾器甚至有自己的名字：安潔拉（Angela）。你知道他們的琴酒曾含有一種祕密成分嗎？小黃瓜！但這是早些時候的事，因為馬丁‧米勒承認自己不擅長保守祕密（原文照登）。該款琴酒的水源來自冰島，因為製造商保證自己使用最純淨的水源。最初酒精濃度為40%的馬丁米勒琴酒於1999年推出，2002-2003年則根據酒保和調酒師的需求開發了酒精濃度45%的威斯特波恩強度干型琴酒，該款琴酒透過兩次蒸餾製成：將含杜松子和土味藥草植物成分的第一道蒸餾液，與苦橙、苦萊姆和檸檬皮

蒸餾出的第二道蒸餾液相混合。

口味和香氣

馬丁米勒40%琴酒氣味中帶有強烈的柑橘味（在香味中），帶有隱約的杜松子味，餘韻溫和而甜美。威斯特波恩強度版本則以杜松子為主，但這款琴酒餘韻也很溫和。

第一道蒸餾成分

杜松子 ·······························

芫荽 ·····································

歐白芷根 ·····························

甘草 ·····································

桂皮 ·····································

鳶尾

少量萊姆皮 ·····························

第二道蒸餾成分

苦橙皮 ·····························

萊姆和檸檬皮 ·····························

搭配建議

果香／花香或中性通寧水

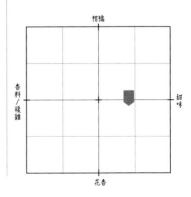

47%

OXLEY COLD DISTILLED LONDON DRY GIN

奧克斯利冷蒸餾倫敦干型琴酒

源起

這款精湛的頂級琴酒是一款出色而優雅的琴酒，裝在簡約美麗的酒瓶裡於5°C下冷蒸餾，由於在此溫度下分子結構不會產生變化，因此可以更完整保留藥草植物的風味。此款琴酒於2009年推出，掀起琴酒界的一場風暴。由百加得馬丁尼公司（Bacardi-Martini）擁有的奧克斯利烈酒公司（Oxley Spirits Company）從2002年開始開發奧克斯利琴酒，耗費八年時間和38種配方才獲得材料的正確比例。奧克斯利琴酒包含14種藥草植物，在泰晤士蒸餾廠的特殊設備以手工小批量生產 —— 每天幾乎生產不到240瓶，這就是價格高昂的原因。

口味和香氣

這款清爽的琴酒帶有奇妙的穀物特色，杜松子不占主導地位，香氣來自薰衣草、香草和杏仁及溫和的柑橘。

成分

杜松子 ....
繡線菊 ....
柚子 ....
茴香籽 ....
香草 ....
柳橙 ....
檸檬 ....
可可和更多成分 ....

搭配建議

冰飲，可能搭配柚子皮屑或中性通寧水

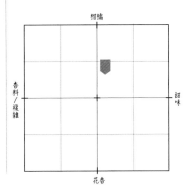

41.6 %

SIPSMITH GIN
希普史密斯琴酒

愛喝酒的工匠們

源　起

希普史密斯獨立酒廠（Sipsmith Independent Distillers）於 2009 年成立於倫敦，經過多年在酒業的經驗累積，一群朋友決定創業製造自己的琴酒。追隨對工匠精神的熱情，他們自詡為愛喝酒的工匠（sipsmiths）。酒廠仍沿用傳統生產工藝，即所謂的「一階段」琴酒，過程中將藥草植物與烈酒一起蒸餾，而藥草植物僅在這批次中使用一次。除了成分，這是一款真正獨特的倫敦干型琴酒，因為使用伏特加作為生產的基底。希普史密斯琴酒因其口味和工藝而贏得許多獎項。

口味和香氣

花香調讓人聯想到夏天的草地，充滿杜松子的圓潤香氣和柑橘的清新氣息。琴酒中可以識別出杜松、檸檬塔和柳橙果醬的味道。希普史密斯琴酒的餘韻就像任何其他經典的倫敦干型琴酒：辛辣不甜，帶有杜松和檸檬的香味。

🍾 www.sipsmith.com

成　分

杜松子⋯⋯⋯⋯⋯⋯⋯⋯⋯⋯⋯⋯⋯
塞維亞柳橙⋯⋯⋯⋯⋯⋯⋯⋯⋯⋯
西班牙檸檬皮⋯⋯⋯⋯⋯⋯⋯⋯⋯⋯
保加利亞芫荽籽⋯⋯⋯⋯⋯⋯⋯⋯⋯
法國歐白芷根⋯⋯⋯⋯⋯⋯⋯⋯⋯⋯
西班牙甘草根⋯⋯⋯⋯⋯⋯⋯⋯⋯⋯
義大利鳶尾的根⋯⋯⋯⋯⋯⋯⋯⋯⋯
馬達加斯加肉桂⋯⋯⋯⋯⋯⋯⋯⋯⋯
中國桂皮⋯⋯⋯⋯⋯⋯⋯⋯⋯⋯⋯⋯
西班牙的杏仁粉⋯⋯⋯⋯⋯⋯⋯⋯⋯

搭配建議

中性通寧水

其他琴酒產品

- 希普史密斯黑刺李琴酒（Sipsmith Sloe Gin）／酒精濃度 29%／黑刺李利口酒
- 希普史密斯夏日杯琴酒（Sipsmith Summer Cup Gin）／酒精濃度 29%／夏季利口酒
- 希普史密斯倫敦干型琴酒 VJOP（Sipsmith London Dry Gin VJOP）／酒精濃度 57.7%／高度琴酒

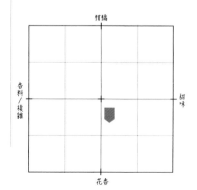

柑橘

香料／複雜　　　　　　　甜味

花香

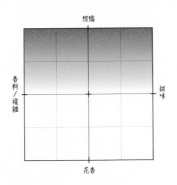

上部：**偏柑橘味**

搭配使用芳香通寧水

（或中性通寧水）

　　位於風味象限圖上部的琴酒具有直率的柑橘味：辛香帶酸的調性，例如香柑（苦橙）、葡萄柚、柳橙、檸檬和萊姆。這並不是說你一定會發現這些風味存在，因為你經常會發現其他迥然不同的味道，但是這類琴酒的製酒師或創造者顯然認為柑橘味非常重要，是凌駕於其他成分之上的美味成分。總而言之：「柑橘味」這個詞彙是所有帶皮水果的雜燴統稱，這表示你可以在風味象限圖角落上的兩款柑橘味琴酒中發現巨大差異。還有一點值得一提：這類琴酒總是能提供一定的爽口度，尤其是調配成琴通寧時，因此強烈推薦在暖和的夏日使用……

德　國

ADLER GIN
鷹牌琴酒

42%

源　起

自1874年以來，這款琴酒就一直在柏林附近威丁區（Wedding）一家啤酒廠中進行精心蒸餾。ADLER琴酒譯成英文便是老鷹琴酒，酒標上的圖片解釋了這一點。鷹牌琴酒以小麥蒸餾烈酒為基底，加入藥草植物，透過80°C以下溫度真空蒸餾生產（類似神聖琴酒）。在裝瓶前，這款琴酒會在陶桶中靜置3-8個月。

口味和香氣

非常溫和且均衡的一款琴酒，帶有柑橘、杜松子、薰衣草和薑的香氣。

🍾 www.psmberlin de

成　分

杜松子⋯⋯⋯⋯⋯⋯⋯⋯⋯⋯
芫荽⋯⋯⋯⋯⋯⋯⋯⋯⋯⋯⋯
薰衣草⋯⋯⋯⋯⋯⋯⋯⋯⋯⋯
檸檬皮⋯⋯⋯⋯⋯⋯⋯⋯⋯⋯
薑⋯⋯⋯⋯⋯⋯⋯⋯⋯⋯⋯⋯

搭配建議

芳香（或中性）通寧水

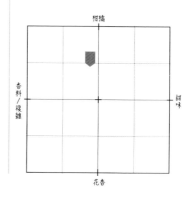

AVIATION

:·: AMERICAN GIN ™ :·:

BATCH DISTILLED

FROM AN ADVENTUROUS BLEND OF
SPICES FROM AROUND THE WORLD

42% ALC BY VOL · 700 ML

AVIATION AMERICAN GIN
飛行美國琴酒

源 起

飛行美國琴酒是調酒師萊恩·馬加里安與俄勒岡州波特蘭的豪斯烈酒蒸餾廠（House Spirits Distillery）密切合作的成果。經過三十多次嘗試，這款琴酒於 2002 年推出，目的是製造一款非常適合與一百年前的酒保雨果·恩斯林（Hugo Ensslin）在紐約創造的著名飛行雞尾酒搭配使用的琴酒，這也解釋了這款琴酒的名稱由來。飛行琴酒賦予杜松子配角的角色，無可否認，飛行琴酒屬於全新的干型琴酒類別（新世代琴酒），杜松子的統治時代已經終結，其他藥草植物的重要性則名列前茅。

口味和香氣

平衡順口，帶有明顯的花香，杜松子逐漸淡出背景，讓小豆蔻和薰衣草的藥草植物味道占有一席之地。

成 分

杜松子 ……………………………
小豆蔻 ……………………………
薰衣草 ……………………………
墨西哥菝葜 ………………………
芫荽 ………………………………
茴香籽 ……………………………
甜橙皮 ……………………………

搭配建議

中性或花香／果香通寧水

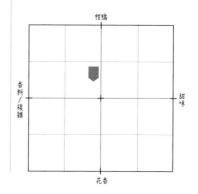

柑橘

香料／複雜

甜味

花香

47 %

BLUECOAT GIN
藍軍琴酒

源　起
這款來自賓夕法尼亞州的美國琴酒，以美國獨立戰爭期間與英軍作戰的士兵所穿的藍色軍服外套命名。琴酒經五次蒸餾，並手工裝瓶在醒目的鈷質藍色酒瓶中。蒸餾是在手工打造的銅壺蒸餾器中進行，基底由玉米、裸麥、小麥和大麥四種穀物蒸餾而成。隨後，蒸餾廠使用分批蒸餾系統，壺式蒸餾器仍緩慢加熱，酒精蒸氣僅會緩慢上升，從而生產出此款優質琴酒。

口味和香氣
柑橘香氣中帶有杜松的溫和調性，口感主要是柑橘味與藥草植物交替，餘韻悠長。

成　分
有機杜松子⋯⋯⋯⋯⋯⋯⋯⋯⋯⋯
芫荽籽⋯⋯⋯⋯⋯⋯⋯⋯⋯⋯⋯⋯
柑橘皮⋯⋯⋯⋯⋯⋯⋯⋯⋯⋯⋯⋯
歐白芷根及更多成分⋯⋯⋯⋯⋯

搭配建議
芳香或中性通寧水

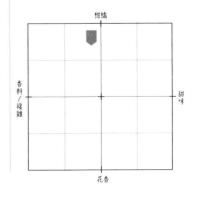

40 %

BOODLES GIN
波德仕琴酒

源 起

波德仕是經典的倫敦干型琴酒，成立於1845年，是現代倫敦干型琴酒的啟蒙之一。此款酒仍按照傳統配方在英格蘭製造，並在馬車頭蒸餾器（Carter Head）中蒸餾，有趣的是，這款琴酒的蒸餾過程中並沒有加入柑橘類水果。

這是頑固生產商的實際決定，因為他們認為典型消費者無論如何都會在琴通寧中加入一片檸檬，而其他就交給芫荽籽。波德仕琴酒以波德在倫敦的紳士俱樂部命名，該俱樂部成立於1762年，最初由愛德華·波德（Edward Boodle）管理，俱樂部的著名成員之一是溫斯頓·邱吉爾。

口味和香氣

乾爽、新鮮而且純淨，帶有柔和的杜松子風味。

成 分

義大利的杜松子⋯⋯⋯⋯⋯⋯⋯⋯
鼠尾草⋯⋯⋯⋯⋯⋯⋯⋯⋯⋯⋯⋯
迷迭香⋯⋯⋯⋯⋯⋯⋯⋯⋯⋯⋯⋯
肉豆蔻⋯⋯⋯⋯⋯⋯⋯⋯⋯⋯⋯⋯
芫荽⋯⋯⋯⋯⋯⋯⋯⋯⋯⋯⋯⋯⋯
桂皮⋯⋯⋯⋯⋯⋯⋯⋯⋯⋯⋯⋯⋯
歐白芷根和葛縷子籽⋯⋯⋯⋯⋯⋯

搭配建議

芳香或中性通寧水

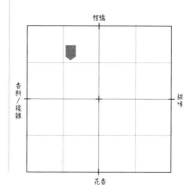

柑橘

香料／複雜

甜味

花香

柑 橘

西班牙

40 %

CUBICAL GIN PREMIUM
草本頂級琴酒 [1]

CUBICAL GIN ULTRA PREMIUM
草本頂級強度琴酒 [2]

45 %

源 起

儘管這款琴酒是在西班牙生產，但草本琴酒是真正的倫敦干型琴酒。我們將其分為此類的原因是製造商僅使用高品質的英國穀物，並經三次蒸餾。草本琴酒中最著名的成分之一就是香柑，日本人稱之為 bushukan。這種香味極濃的柑橘類水果形似手指，是檸檬家族中最古老的物種之一，這種水果沒有多汁的果肉，主要是為取其芳香果皮而種植。

草本頂級強度琴酒擴展了真正的倫敦干型琴酒配方。根據真正的倫敦干型琴酒傳統生產方式，酒得在古老的蒸餾器中經歷四次蒸餾，這解釋了為何酒精濃度較高。這無疑對經驗豐富的琴酒愛好者極具吸引力，但是，頂級強度琴酒並沒有偏離其特殊成分香柑。

口味和香氣

草本琴酒是一款輕盈不甜的琴酒，杜松子和杏仁的風味在當中脫穎而出，餘韻可以感受到香柑和甜橙帶來的輕盈柑橘味。

搭配建議

芳香或中性通寧水

成 分

杜松子……………………
香柑………………………
橘子………………………
百里香……………………
芫荽………………………
檸檬………………………
肉桂………………………
歐薄荷……………………
洋甘菊……………………
八角………………………
甜橙………………………
杏仁………………………
小豆蔻……………………
芒果………………………

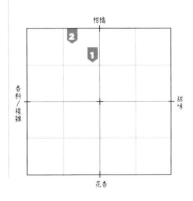

BROKEN HEART

—— GIN ——

Distilled in the Pure South of New Zealand

40% ALC BY VOL. 700ML | NZ MADE

40%

BROKEN HEART GIN
心碎琴酒

源 起

心碎琴酒在紐西蘭南島蒸餾，證明了在地球最遠的角落甚至也有琴酒製造。心碎琴酒的故事始於住在紐西蘭南阿爾卑斯山的兩個德國朋友，約爾格（Joerg）是前飛行員，伯恩德（Bernd）是前工程師，但他們都全心致力於蒸餾精製烈酒，他們花費很長的時間來開發一種極致頂級的琴酒，其中包含11種藥草植物和一種柳橙。但是命運弄人，伯恩德病逝了，留給約爾格和伯恩德的女友一顆破碎的心，他們於是決定將琴酒命名為「心碎」琴酒。順道一提，該款琴酒在2013年倫敦葡萄酒和烈酒大賽中獲得銀牌。

口味和香氣
優雅而傳統的風味，有趣的柳橙味。

成 分
杜松子……………………………
芫荽………………………………
檸檬皮……………………………
薰衣草……………………………
肉桂………………………………
歐白芷根與更多成分…………

搭配建議
芳香或中性通寧水

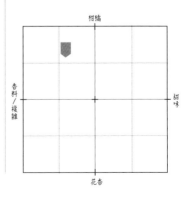

柑橘

香料／複雜 ——————————— 甜味

花香

40
%

BROOKLYN GIN
布魯克林琴酒

源 起

顧名思義，該款琴酒源自紐約。布魯克林琴酒是三位對琴酒充滿熱情的男子創造出的產物，這家小公司的創辦人分別是百加得公司的前行銷喬·桑托斯（Joe Santos）和埃米爾·賈特尼（Emil Jattne）。他們將這種琴酒定位成「手工小批量琴酒」加以區隔和推廣，所有製程都是手工，並使用新鮮的藥草植物，例如杜松子和新鮮的柑橘，他們花了三天時間製作了 300 瓶琴酒。在蒸餾過程中，他們僅使用橘郡當地產的水果和玉米。

口味和香氣

這款颯爽的琴酒具有獨特的柑橘香氣，杜松子味道增強了這種香氣；餘韻辛辣不甜。

成 分

杜松子 ⋯⋯⋯⋯⋯⋯⋯⋯⋯⋯⋯⋯

柑橘皮 ⋯⋯⋯⋯⋯⋯⋯⋯⋯⋯⋯⋯

搭配建議

芳香通寧水或中性通寧水

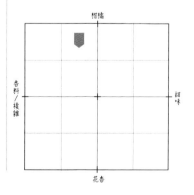

300 瓶　3 天

BURLEIGH'S LONDON DRY GIN
伯利倫敦干型琴酒

源 起

菲爾‧布雷（Phil Burey）僅僅花了八個月實現夢想：在他的家鄉設立一家小型蒸餾廠，他與製酒師傑米‧巴克斯特（Jamie Baxter）一起讓萊斯特郡（Leicestershire）在琴酒地圖上占有一席之地。他們的琴酒在南潘丹（Nanpantan）的鮑登小屋農場（Bawdon Lodge Farm）進行蒸餾。靈感來自農場附近的樹林，他們在那裡找到11種藥草植物中的大部分原料。

口味和香氣

一點清爽的尤加利和柑橘香。尤加利和杜松子的風味濃郁，在背景中有精緻的藥草植物和花味，餘韻是胡椒味。

成 分

杜松子……………………………………

白樺木……………………………………

蒲公英……………………………………

牛蒡………………………………………

接骨木果…………………………………

鳶尾和更多成分…………………………

搭配建議

芳香或中性通寧水

其他琴酒產品

- 伯利製酒師嚴選版琴酒（Burleigh's Distiller's Cut）／酒精濃度47%／辛香調琴酒
- 伯利海軍強度琴酒（Burleigh's Navy Strength）／酒精濃度47%／高強度琴酒

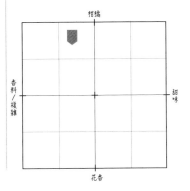

柑橘

46%

COTSWOLDS DRY GIN
科茨沃干型琴酒

源 起

科茨沃是英國文化遺產中的一顆寶石，該地被視為「傑出自然風景區」。科茨沃蒸餾廠（Cotswolds Distillery）是一家相對較新的酒廠，由丹・索爾（Dan Szor）創立，並由年輕且雄心勃勃的製酒師艾歷克斯・戴維斯（Alex Davies）主理。除了琴酒之外，這家深耕此地的本地蒸餾廠也想推出裸麥威士忌（2017年首次推出）、水果蒸餾酒和各種餐後酒。他們的琴酒由9種精心挑選的藥草植物製造而成，訂製的荷斯坦蒸餾器（Holstein Still）容量為500公升。

口味和香氣

柚子、芫荽和杜松子的香氣令人耳目一新。柚子和芫荽的純正香味，與歐白芷根順口不甜的口感，帶有悠遠的胡椒和薰衣草香味。

 www.cotswoldsdistillery.com

成 分

杜松子 ……………………………

芫荽 ………………………………

歐白芷根 …………………………

薰衣草 ……………………………

月桂 ………………………………

葡萄柚 ……………………………

萊姆 ………………………………

黑胡椒 ……………………………

小豆蔻 ……………………………

搭配建議

芳香或中性通寧水

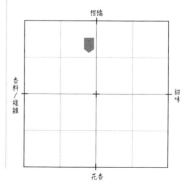

柑橘

香料／複雜　　　　　　　甜味

花香

SMALL BATCH RELEASE

Estd — 2014

COTSWOLDS

DRY GIN

PRODUCT OF ENGLAND

INAUGURAL
RELEASE

BATCH No. 01/14   NUMBER OF BOTTLES 6005/7000

THE FOUNDER

GIN DESTILADO 40% VOL / 0.70 L. / Servir
Elaborado y Embotellado por R.E. 300/CS para Gin

GINSELF
唯我琴酒

源　起

自2009年以來，唯我琴酒都在西班牙瓦倫西亞（Valencia）生產，你可以品嘗得到，一批限量生產500公升，可裝滿715瓶。製造商僅使用最優質的藥草植物和水果，因為這是能保證萃取物達到最高濃度的唯一途徑。此款琴酒的創造者希望為真正的琴酒愛好者提供獨特體驗 —— 僅為他所專屬，這就是為何此款酒被稱為唯我琴酒……

口味和香氣

此款名如其實的琴酒帶有杜松子和柑橘的香氣；口感優雅，餘韻甜美。

成　分

杜松子……………………………………
甜橙………………………………………
苦橙………………………………………
橙花………………………………………
柑桔………………………………………
檸檬皮……………………………………
歐白芷根…………………………………
歐白芷根籽………………………………
黃土香……………………………………

搭配建議

芳香或中性通寧水

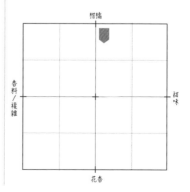

柑　橘　　　　　　　　**147**

47%

HASWELL GIN
哈斯威爾琴酒

源　起

哈斯威爾倫敦干型琴酒是由朱利安·哈斯威爾（Julian Haswell）創造的琴酒，獲獎無數。依朱利安的見解，經典倫敦干型琴酒的三項最重要成分是杜松子、歐白芷根和芫荽籽，在此基礎上，朱利安創造了一款帶有甜橙和苦橙柑橘味的琴酒，並帶有淡淡的檸檬味。

口味和香氣

由柳橙帶來的強烈柑橘味和淡淡檸檬味。

成　分

杜松子 ·····································

歐白芷根 ·····································

芫荽籽 ·····································

香薄荷 ·····································

西班牙的萊姆皮 ·····················

非洲豆蔻或稱天堂籽（一種西非的胡椒味香料）·····················

摩洛哥和海地的苦橙皮 ········

摩洛哥和西班牙的甜橙皮 ·····

甘草根 ·····································

搭配建議

芳香通寧水
（或中性通寧水）

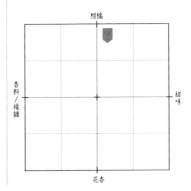

柑橘

香料／複雜　　　　　　　　　　甜味

花香

46
%

LONDON N°3
倫敦三號琴酒

源　起

儘管這種琴酒源於英國，但實際上是由迪凱堡皇家酒廠（de Kuyper Royal Distillers）在荷蘭蒸餾。迪凱堡皇家酒廠是一家百分之百的家族企業，也是全球最大的雞尾酒用酒生產商。迪凱堡皇家酒廠被許可生產倫敦三號琴酒，該酒是根據倫敦最古老的葡萄酒暨烈酒商貝瑞兄弟與路德（Berry Bros & Rudd）的配方所製成。取名為三號琴酒，是以自1698年以來這家葡萄酒暨烈酒商在倫敦聖詹姆斯街上的地址命名。該款琴酒以杜松子為基礎，歌頌傳統倫敦干型琴酒的完整性和特色，以傳統壺式蒸餾器蒸餾6種完美平衡的藥草植物。

口味和香氣

因為倫敦三號琴酒使用3種類型的香料和3種類型的水果調味，所以達到完美的平衡。葡萄柚和柳橙帶來新鮮的香氣，還喝得出小豆蔻的香味。味道完全可歸因於使用了葡萄柚，伴隨辛香的芫荽，尾韻有不甜辛辣的土壤味。

成　分

義大利杜松子 ………………
西班牙橙皮 …………………
葡萄柚 ………………………
歐白芷根 ……………………
摩洛哥芫荽籽 ………………
小豆蔻 ………………………

搭配建議

芳香通寧水
（或中性通寧水）

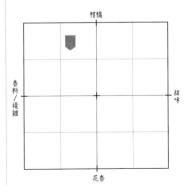

柑橘

香料／複雜

甜味

花香

柑　橘

美 國

46%

N° 209
209 號琴酒

源 起

209號琴酒是源自舊金山的著名頂級手工琴酒，因其是美國註冊的第209家酒廠這項事實而得名，209號琴酒的誕生要歸功於萊斯利·路德（Leslie Rudd）。萊斯利是一位製酒師，在他位於納帕谷（Napa Valley）的葡萄園中生產獨門葡萄酒。身為製酒師、狂熱的業餘廚師和薩克斯風樂手的阿恩·希萊斯蘭（Arne Hillesland），他的創意精神和對美食的熱愛證明能與萊斯利的葡萄酒專業知識搭配融合，其成果是頂級的琴酒，口感柔和，令人難忘。

口味和香氣

209號琴酒散發著柑橘和花香調的香氣，帶有絲絲辛香味。口味圖像以明顯的檸檬和萊姆為始，其後是柳橙。琴酒入口變熱後，芫荽和香柑的花香就會散發開來，其後隱約是小豆蔻和杜松子的溫暖胡椒味，當小豆蔻的「薄荷成分」釋放時，會出現令人驚奇的變化，209號琴酒的尾韻以桂皮作收。

成 分

杜松子 ·····················
歐白芷根 ·················
檸檬皮 ·····················
香柑皮 ·····················
芫荽 ························
小豆蔻 ·····················
桂皮 ························

搭配建議

芳香通寧水
（或中性通寧水）

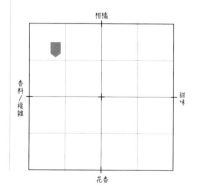

GIN VLC

70 CL   39% VOL

N GIN VLC
瓦倫西亞琴酒

源 起

此款源自瓦倫西亞的琴酒是這座陽光明媚自治市的驕傲，由典型的瓦倫西亞藥草植物製成，主要成分是該地區知名的柳橙，琴酒是用壺式蒸餾經二次蒸餾而成。

口味和香氣

此款清爽的琴酒特別帶有柳橙和柑橘味，口感柔和優雅。

成 分

杜松子‥‥‥‥‥‥‥‥‥‥‥‥‥‥
柳橙‥‥‥‥‥‥‥‥‥‥‥‥‥‥‥
檸檬‥‥‥‥‥‥‥‥‥‥‥‥‥‥‥
柑桔‥‥‥‥‥‥‥‥‥‥‥‥‥‥‥
迷迭香‥‥‥‥‥‥‥‥‥‥‥‥‥‥
甘草‥‥‥‥‥‥‥‥‥‥‥‥‥‥‥
芫荽‥‥‥‥‥‥‥‥‥‥‥‥‥‥‥
小豆蔻‥‥‥‥‥‥‥‥‥‥‥‥‥‥
歐白芷根‥‥‥‥‥‥‥‥‥‥‥‥‥
鼠尾草‥‥‥‥‥‥‥‥‥‥‥‥‥‥
夏多內葡萄‥‥‥‥‥‥‥‥‥‥‥‥

搭配建議

芳香或中性通寧水

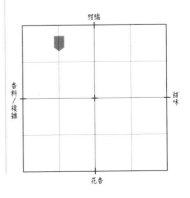

柑 橘

41.3 %

TANQUERAY RANGPUR GIN
坦奎瑞藍袍琴酒

源　起

坦奎瑞藍袍琴酒於2006年推出，完美補足了品牌的系列酒款。此款琴酒程度上屬於新世代琴酒，但獨樹一格，這得益於印度黎檬（Rangpur fruit, 柑桔和檸檬的混合物）這個成分。

口味和香氣

甜柑橘的香氣和柔和的玫瑰花香入口悠長緩慢，藥草植物的香氣巧妙傳入舌尖，以杜松子持續達到最高峰，並以柑橘味作收。

成　分

杜松子⋯⋯⋯⋯⋯⋯⋯⋯⋯⋯⋯⋯⋯⋯⋯⋯⋯⋯
黎檬⋯⋯⋯⋯⋯⋯⋯⋯⋯⋯⋯⋯⋯⋯⋯⋯⋯⋯⋯
芫荽⋯⋯⋯⋯⋯⋯⋯⋯⋯⋯⋯⋯⋯⋯⋯⋯⋯⋯⋯
月桂葉⋯⋯⋯⋯⋯⋯⋯⋯⋯⋯⋯⋯⋯⋯⋯⋯⋯⋯
薑⋯⋯⋯⋯⋯⋯⋯⋯⋯⋯⋯⋯⋯⋯⋯⋯⋯⋯⋯⋯

搭配建議

芳香通寧水
（或中性通寧水）

其他琴酒產品

- 坦奎瑞干型琴酒（Tanqueray Dry Gin）/ 酒精濃度43.1% / 淡柑橘調琴酒
- 坦奎瑞十號琴酒（Tanqueray Ten Gin）/ 酒精濃度47.3% / 花香調琴酒
- 坦奎瑞老湯姆琴酒（Tanqueray Old Tom Gin）/ 酒精濃度47.3% / 復古甜琴酒

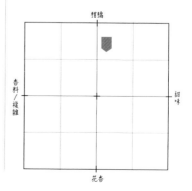

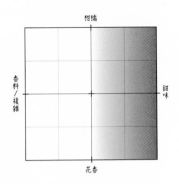

右側偏甜味：
搭配使用果香通寧水
（或中性通寧水）

　　富有明顯甜味的琴酒還包括復古老湯姆琴酒，當中額外添加了天然糖份，以及以甜藥草植物為主的干型琴酒，在這種情況下，甘草根是關鍵成分，甘草可謂製酒師的「拐杖糖」，甘草的用量很大程度決定了琴酒是否會趨向這種口味的方向。

BATCH N° 21/12

Fifty Pounds

GIN

RARE *and* HANDCRAFTED
LONDON DRY GIN

Distilled in London

ORIGINAL RECIPE

英 國

43.5 %

FIFTY POUNDS GIN
五十磅琴酒

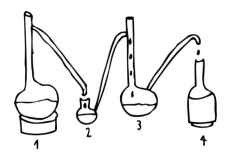

源 起

五十磅琴酒是在倫敦東南部一家小型蒸餾廠生產的,這款極度柔和的倫敦干型琴酒因1736年琴酒法案「增加的稅收」而得名。五十磅琴酒使用傳統方法製作,並且僅使用天然成分,透過小麥的四次蒸餾獲得中性酒精,然後將酒精再次蒸餾,同時添加來自世界各地的香草和藥草植物。

口味和香氣

五十磅琴酒香氣濃烈,充滿柑橘、薄荷、薰衣草和杜松子。品嘗時主要是洋茴香和胡椒的風味,芫荽籽有助於增強甜味。

成 分

克羅埃西亞的杜松子 ···········
中東的芫荽籽 ·····················
幾內亞灣的天堂籽 ···············
法國南部的香薄荷 ···············
西班牙的橙皮和檸檬皮 ········
卡拉布里的亞甘草 ···············
西歐的歐白芷根 ···················
還使用了其他成分,但祕密配方仍留於倫敦東南部。

搭配建議

果香通寧水
(或中性通寧水)

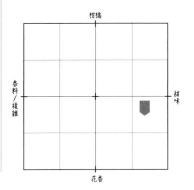

44%

OLD ENGLISH GIN
老英式琴酒

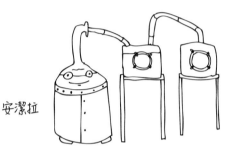

安潔拉

成　分
杜松子 ································
芫荽 ··································
檸檬和橙皮 ·······················
歐白芷根 ···························
鳶尾根 ······························
桂皮 ··································
肉桂 ··································
甘草 ··································
肉豆蔻 ······························
小豆蔻 ······························

搭配建議
果香通寧水
（或中性通寧水）

源　起
此款琴酒是根據1783年的配方製成，並由蘭利蒸餾廠（Langley Distillers）使用英格蘭最古老的壺式蒸餾器蒸餾，其蒸氣爐以原製酒師的祖母之名命名為安潔拉（Angela）或稱之為老祖母。此款琴酒獨樹一格以百分之百可回收的舊香檳瓶裝瓶，老英式琴酒於2012年推出。

口味和香氣
從軟木塞彈出的那一刻起，就會聞到杜松子的新鮮香氣。緊隨其後的是濃郁複雜的土壤味，包括溫暖的乾草、黑胡椒和香料，在背景中是羅勒和薄荷的味道。由於控制住甜味和其柔順的口感，味道驚為天人。

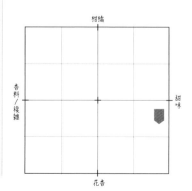

柑橘

香料／複雜　　　　　　　　　甜味

花香

PURE OLD POT STILL

HAMMER
& SON
LTD.

AD ORIGINEM 1783

Old English

DISTILLED AND BOTTLED IN ENGLAND

40%

SIKKIM GIN PRIVÉE, BILBERRY & FRAISE
錫金私密[1]、山桑子[2]、草莓琴酒[3]

源 起

錫金琴酒是一款西班牙琴酒，用銅製蒸餾器於英格蘭蒸餾。錫金琴酒共有三種品項：錫金私密琴酒、錫金山桑子琴酒、錫金草莓琴酒。該系列琴酒的獨特之處在於結合了英式琴酒和印度茶。錫金這個名稱是指印度喜馬拉雅山脈中人口稀少的小邦，該地區生產泰米茶（Temi），一種大吉嶺紅茶，你可以在錫金琴酒中品嘗到這種高品質的茶葉。蒸餾的結果是順口帶有花香甜味的琴酒……專門獻給行家！

SIKKIM

PREMIUM GIN

PRIVÉE

口味和香氣：錫金私密琴酒
順口的琴酒帶有紅茶的甜香。

口味和香氣：錫金山桑子琴酒
香甜帶花香調又帶有果香的琴酒。

口味和香氣：錫金草莓琴酒
飽滿帶有草莓和森林水果的香氣。

成分：錫金私密琴酒
荷蘭的杜松子 ⋯⋯⋯⋯⋯⋯⋯
西藏紅茶 ⋯⋯⋯⋯⋯⋯⋯⋯⋯
芫荽 ⋯⋯⋯⋯⋯⋯⋯⋯⋯⋯⋯
其他優質藥草 ⋯⋯⋯⋯⋯⋯⋯

成分：錫金山桑子琴酒
荷蘭的杜松子 ⋯⋯⋯⋯⋯⋯⋯
西藏紅茶 ⋯⋯⋯⋯⋯⋯⋯⋯⋯
鳶尾 ⋯⋯⋯⋯⋯⋯⋯⋯⋯⋯⋯
山桑子 ⋯⋯⋯⋯⋯⋯⋯⋯⋯⋯
芫荽 ⋯⋯⋯⋯⋯⋯⋯⋯⋯⋯⋯
菖蒲 ⋯⋯⋯⋯⋯⋯⋯⋯⋯⋯⋯
橙皮 ⋯⋯⋯⋯⋯⋯⋯⋯⋯⋯⋯

成分：錫金草莓琴酒
荷蘭的杜松子 ⋯⋯⋯⋯⋯⋯⋯
西藏的紅茶 ⋯⋯⋯⋯⋯⋯⋯⋯
花卉香精 ⋯⋯⋯⋯⋯⋯⋯⋯⋯
野草莓 ⋯⋯⋯⋯⋯⋯⋯⋯⋯⋯
紅蔓越莓 ⋯⋯⋯⋯⋯⋯⋯⋯⋯
芫荽 ⋯⋯⋯⋯⋯⋯⋯⋯⋯⋯⋯
鳶尾 ⋯⋯⋯⋯⋯⋯⋯⋯⋯⋯⋯
橙皮 ⋯⋯⋯⋯⋯⋯⋯⋯⋯⋯⋯

搭配建議
果香／花香或中性通寧水

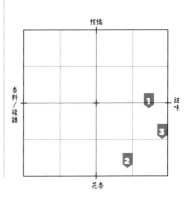

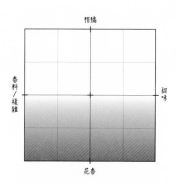

下部：偏花香
搭配使用果香通寧水
（或中性通寧水）

　　棲息在風味象限圖下部的琴酒帶有花香的特性，如接骨木花和忍冬這樣的夏季味道非常明顯，由於使用了各種花類產物（英文版編者註：不是開場最明顯的藥草植物）和茶葉萃取物，所以呈現花香調，也可在風味象限圖的這個角落找到帶有顯著果香味的琴酒。

40 %

BLOOM PREMIUM LONDON DRY GIN

花漾
頂級倫敦干型琴酒

源　起

由英國最大蒸餾廠之一的G&J格林諾（G&J Greenall）生產的花漾琴酒，是針對那些不喜歡琴酒獨特杜松子風味的人，該款琴酒由巴赫花（Bach Flower）、柚子和洋甘菊扮演主要角色。負責該款琴酒的製酒師喬安·摩爾（Joanne Moore），是琴酒業界少見的女性首席製酒師之一，同時也是享譽國際的荷蘭琴酒專家。喬安監督琴酒釀製過程的每一個階段，從概念發想到實際創作，她對創新的渴望和對產品的熱情創造出前所未有的花漾琴酒，這是格林諾系列琴酒中的極頂級琴酒。

口味和香氣

此款極精緻的琴酒從巴赫花的花香調開始，柚子的柑橘味賦予它完美的餘韻。

成　分

杜松子 ……………………………
巴赫花 ……………………………
柚子 ………………………………
洋甘菊等成分 ……………………

搭配建議

果香或中性通寧水

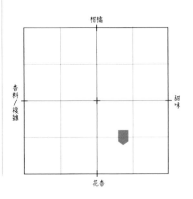

BLOOM

PREMIUM
LONDON DRY GIN

A delicate floral
gin inspired by the true

CITADELLE GIN
絲塔朵琴酒

源　起

絲塔朵琴酒最初是一款法國琴酒，含19種不同的藥草植物成分，經三次蒸餾。該品牌於1998年首次投入市場，由蓋布瑞與安德瑞烏（Gabriel & Andreu）在干邑（Cognac）生產。絲塔朵琴酒由干邑－費朗（Cognac-Ferrand）經銷，以位於敦克爾克（Dunkirk）的18世紀蒸餾廠名字命名。這款琴酒贏得無數獎項，不計成本使用藥草植物，似乎以全世界範圍來搜羅這款香料寶庫。

口味和香氣

味道與眾不同，在美麗鮮花的襯托之下，以及加入茉莉、忍冬和肉桂，使該款琴酒具有宜人的芳香特性。它是一款具有不同於尋常風味的琴酒，但與預期中19種不同的藥草植物香味的關聯性少之又少。琴酒在口中停留的時間愈長，風味的變化就愈多，諸如洋茴香、穀物和肉桂等成分脫穎而出。這是一款活潑的琴酒，帶有明顯的花香。

搭配建議

果香通寧水（或中性通寧水）

其他琴酒產品

- 絲塔朵典藏琴酒（Citadelle Réserve Gin）／酒精濃度44.7%／熟成琴酒

成　分

法國的杜松子 ……………………
摩洛哥芫荽 ………………………
墨西哥的橙皮 ……………………
印度的小豆蔻 ……………………
中國的甘草 ………………………
爪哇的尾胡椒 ……………………
法國香料 …………………………
地中海茴香 ………………………
義大利鳶尾根 ……………………
斯里蘭卡的肉桂 …………………
法國紫羅蘭 ………………………
西班牙的杏仁 ……………………
印度支那桂皮 ……………………
德國歐白芷根 ……………………
西非的天堂籽（一種胡椒）……
荷蘭孜然 …………………………
印度的肉豆蔻 ……………………
西班牙檸檬 ………………………
法國的八角 ………………………

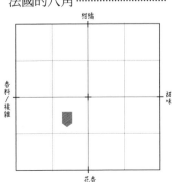

GERANIUM GIN
天竺葵琴酒

44%

成分

杜松子 ·····························
丹麥天竺葵油 ·····················
芫荽 ·····························
檸檬皮 ···························
歐白芷根 ·························
鳶尾根 ···························
八角 ·····························
肉桂和其他未提及成分 ·········

搭配建議

果香通寧水
（或中性通寧水）

其他琴酒產品

· 天竺葵 55 琴酒（Geranium
  55 Gin）/ 酒精濃度 55% /
  高強度琴酒

源　起

天竺葵琴酒是由一對尋找完美琴酒的父子團隊創作的產品。丹・亨里克・哈默（Dane Henrik Hammer）和他的父親精心製作了一款不甜的花香型琴酒，此款倫敦干型琴酒以丹麥天竺葵油脂混合杜松子。此款天竺葵琴酒是用傳統方法蒸餾而成，但添加了一些新技術。亨里克父親的職業是化學家，他成功地從天竺葵中萃取出精油，我們可以看見 —— 或者說喝到 —— 他的成果。

口味和香氣

天竺葵琴酒略帶辛香，並帶有一定的花味，由倫敦干型琴酒的特徵支撐。

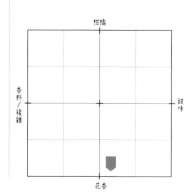

Geranium

Premium
London Dry Gin

by Hammer & Son

法 國

40%

GOLD 999,9 DISTILLED GIN
999.9
金色蒸餾琴酒

源 起

999.9金色琴酒的歷史（儘管只是據稱）始
於20世紀初在法國阿爾薩斯地區發現的一具
鍍金蒸餾器，顯然可追溯到普法戰爭時期。
當前的製酒師買下該蒸餾器，並希望製造出
一款「金色」烈酒，該款琴酒就是這樣得名
的：999.9金或純金。如今，999.9金色琴酒
由酒水公司（The Water Company）在富熱羅
萊（Fougerolles）進行蒸餾。由於琴酒金光
閃閃的包裝，在一些非洲國家大熱賣。

口味和香氣

最初的香氣無疑來自杜松子，緊隨其後的是
柑桔味，最後是爆炸性的花香氣息，主要來
自於龍膽、紫羅蘭和罌粟。

成 分

杜松子 ⋯⋯⋯⋯⋯⋯⋯⋯⋯⋯⋯⋯⋯
柑橘 ⋯⋯⋯⋯⋯⋯⋯⋯⋯⋯⋯⋯⋯⋯
薑 ⋯⋯⋯⋯⋯⋯⋯⋯⋯⋯⋯⋯⋯⋯⋯
紫羅蘭 ⋯⋯⋯⋯⋯⋯⋯⋯⋯⋯⋯⋯⋯
雛罌粟 ⋯⋯⋯⋯⋯⋯⋯⋯⋯⋯⋯⋯⋯
芫荽 ⋯⋯⋯⋯⋯⋯⋯⋯⋯⋯⋯⋯⋯⋯
歐白芷根 ⋯⋯⋯⋯⋯⋯⋯⋯⋯⋯⋯
肉桂 ⋯⋯⋯⋯⋯⋯⋯⋯⋯⋯⋯⋯⋯⋯
龍膽 ⋯⋯⋯⋯⋯⋯⋯⋯⋯⋯⋯⋯⋯⋯
罌粟 ⋯⋯⋯⋯⋯⋯⋯⋯⋯⋯⋯⋯⋯⋯

搭配建議

果香或中性通寧水

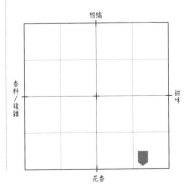

柑橘

香料/複雜　　　　　　　　　甜味

花香

法　國

G'VINE FLORAISON
紀凡花果香琴酒

源　起

紀凡花果香琴酒由歐洲葡萄酒門公司（Euro Wine Gate）生產，這是一家法國公司，成

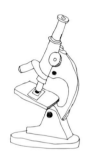

立於2001年，位於法國干邑地區。創辦人是一位釀酒學家，在葡萄酒和烈酒的生產和銷售方面擁有45年的專業知識。這款勇於開創的極頂級琴酒以極珍貴的白玉霓（Ugni Blanc）葡萄為基礎，風味介於調味伏特加和琴酒

之間。Floraison這個字在法語中是指花期：在每年6月中旬，葡萄藤上的果實剛開始生長（坐果）。紀凡花果香琴酒也贏得許多獎項。

口味和香氣

紀凡琴酒的味道柔和，帶有花朵和青草的氣息。紀凡琴酒的風味範圍很廣：溫和可口、飽滿、柔和而豐富的香料，風味強烈、濃烈又大膽。我們得到的酒精比經典的穀物基底製造的琴酒更柔也更烈。在其他芳香植物的口感中，也帶有葡萄藤花朵的柔和調性。

成　分

杜松子 ·····················

白玉霓葡萄 ·················

芫荽 ·······················

胡椒莓 ·····················

薑 ·························

甘草 ·······················

小豆蔻 ·····················

桂皮 ·······················

萊姆 ·······················

搭配建議

1724通寧水或芬味樹通寧水

其他琴酒產品

· 紀凡杜松子香琴酒
　（G'Vine Nouaison）／酒
　精濃度43.9%／複雜琴酒

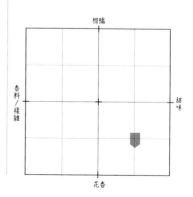

40.5
%

HERNÖ SWEDISH EXCELLENCE GIN

赫爾諾
瑞典傑作琴酒

源 起

赫爾諾琴酒來自世界最北端的蒸餾廠，位於
瑞典北部的達拉（Dala）。琴酒在德國手工
打造的銅壺中蒸餾，可容納250公升。該銅
壺名為「柯斯汀」（Kierstin），於2012年安
裝，整段生產過程都是手工，僅使用天然藥
草植物和自製穀物酒精。在蒸餾過程開始之
前，8種藥草植物在穀物酒精中浸漬至少18
小時。這是一款個性獨特的琴酒，反映了蒸
餾廠和製酒師的性格。

口味和香氣

味道始於杜松子，然後呈現出類似果醬的花
朵香氣，餘韻悠長不絕，由於使用了杏仁和
肉豆蔻，帶有大量的柑橘和堅果味。

 www.hernogin.com

成 分

杜松子 ....
芫荽 ....
繡線菊 ....
桂皮 ....
黑胡椒 ....
香草 ....
越橘 ....
檸檬皮 ....

搭配建議

果香通寧水
（或中性通寧水）

其他琴酒產品

* 赫爾諾海軍強度琴酒
  （Hernö Navy Strength
  Gin）/ 酒精濃度57% /
  高強度琴酒
* 赫爾諾老湯姆琴酒
  （Hernö Old Tom Gin）/
  酒精濃度43% / 復古甜
  琴酒
* 赫爾諾杜松木桶琴酒
  （Hernö Juniper Cask Gin）
  / 酒精濃度47% / 熟成
  琴酒

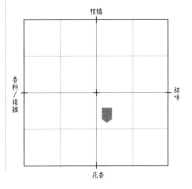

40 %

MAYFAIR LONDON DRY GIN
梅菲爾倫敦干型琴酒

源 起

梅菲爾琴酒源自四位企業家的精神，他們想捕捉自己所在社區 —— 倫敦西敏的梅菲爾區 —— 的財富和優雅，許多使館、五星級酒店和著名的餐飲事業都彰顯了該地區的聲望。該款琴酒是在泰晤士蒸餾廠於當地製造，酒廠由同一家族在倫敦經營了三百多年，現任執行長查爾斯·麥斯威爾（Charles Maxwell）屬於家族的第八代，該蒸餾廠使用名為拇指姑娘（Thumbelina）的銅壺蒸餾器。梅菲爾干型琴酒為限量生產，內含多種手工精選成分，使其具有非凡的品質。

口味和香氣

藥草植物的口感芳香四溢，餘韻帶有花香。

成 分

杜松子 ……………………………
芫荽籽 ……………………………
歐白芷根 …………………………
香薄荷 ……………………………
鳶尾根及多種成分 ………………

搭配建議

果香通寧水
（或中性通寧水）

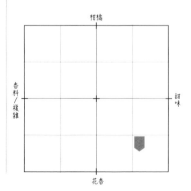

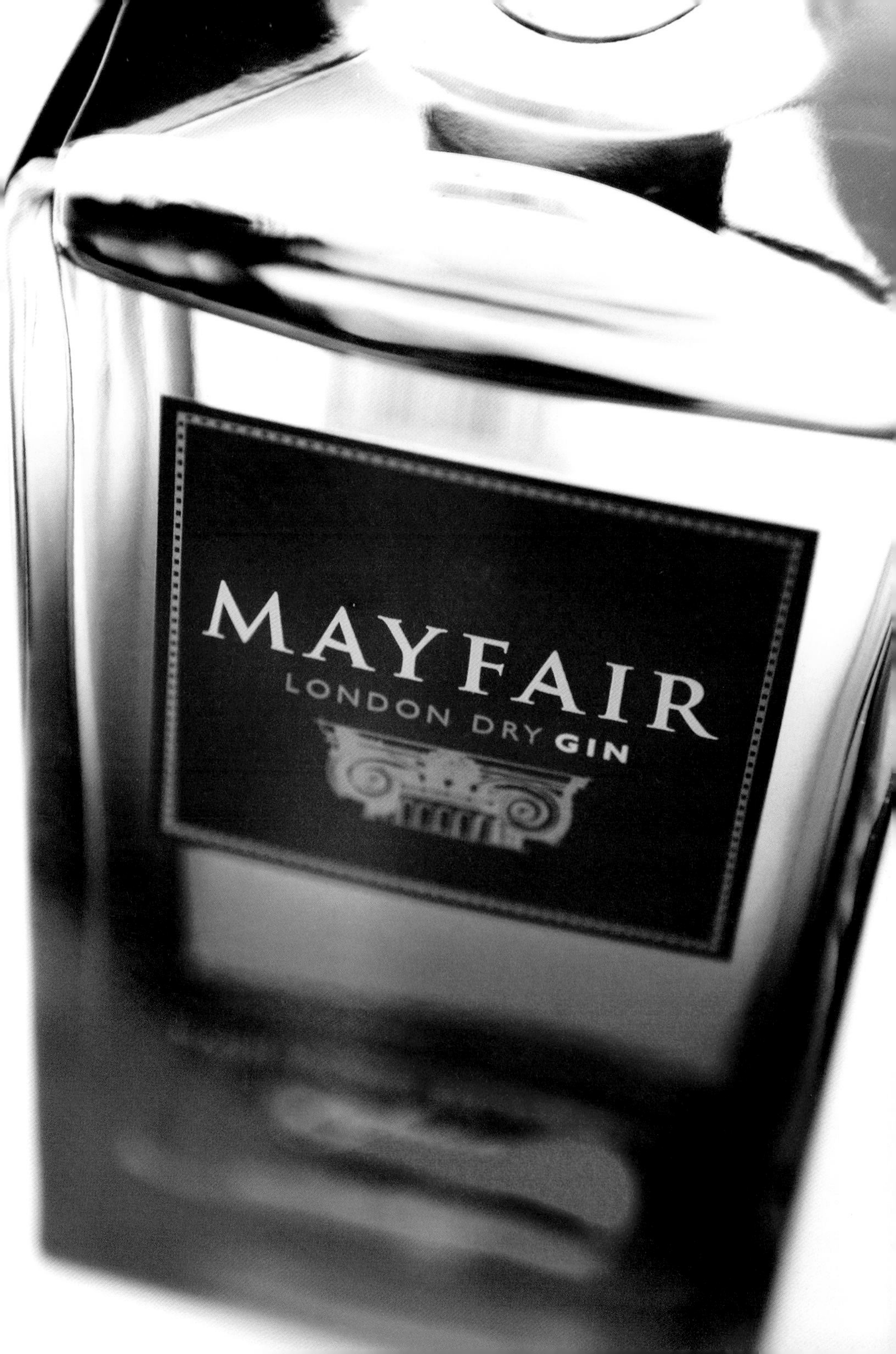
MAYFAIR
LONDON DRY GIN

47.6 %

NOLET'S DRY GIN
諾萊特干型琴酒

源 起

1691年，約安內斯·諾萊特（Joannes Nolet）在荷蘭小鎮斯希丹（Schiedam）成立了自己的蒸餾廠，他選擇靠近北海和大型穀物拍賣場。位於斯希丹的諾萊特蒸餾廠現已生產了十代的優質烈酒，是荷蘭現存最古老的蒸餾廠，仍由創辦該酒廠的家族所有。諾萊特銀色干型琴酒使用琴酒從未使用過的獨特草本成分，如土耳其玫瑰、桃子和覆盆子。琴酒的基底採壺式蒸餾，玫瑰、桃子和覆盆子的萃取物則是分別蒸餾，再與杜松子基底混合而成，之後靜置混合液，以達到完美的平衡。

口味和香氣

這款超頂級琴酒是帶有玫瑰、桃子和黑莓香氣的花／果香調琴酒中的一個很好的例子。琴酒的味道至少令人驚訝，並且與傳統杜松子有所不同。儘管酒精濃度很高，卻非常柔和。

 www.ketel1.nl

成 分

杜松子……………………
小麥……………………
萊姆……………………
鳶尾根……………………
甘草……………………
桃子……………………
覆盆子……………………
土耳其玫瑰……………………

搭配建議

果香通寧水
（或中性通寧水）

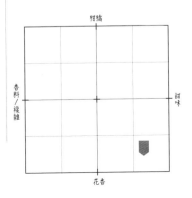

柑橘

香料／複雜

甜味

花香

花 香

183

西班牙

40%

TANN'S GIN
坦恩琴酒

源 起

坦恩琴酒於1977年開始投入市場，使其成為老牌琴酒，該款琴酒源於巴塞隆納地區，由康沛尼蒸餾廠（Destilerias Campeny）透過三步浸漬過程生產。酒廠著眼於南歐市場，力求在蒸餾過程中更加注重清爽感、果香和花香，也略微改變了近年來的琴酒口味。提示：品嘗此款琴酒要得到良好的第一印象，請嘗試加入天然檸檬水。順道一提，該款琴酒近年來獲得各種獎項：國際葡萄酒暨烈酒大賽（IWSC）的銅牌、布魯塞爾烈酒競賽（Spirit Award in Brussels）的銀牌、國際烈酒挑戰賽（Spirits Challenge）的銀牌，還奪得烈酒業界雜誌大賞（Spirits Business Award）的金牌。

口味和香氣

不甜辛辣但帶花香的琴酒，散發著芬芳的香氣；餘韻純淨。

成 分

杜松子 ⋯⋯⋯⋯⋯⋯⋯⋯⋯⋯⋯
芫荽籽 ⋯⋯⋯⋯⋯⋯⋯⋯⋯⋯⋯
小黃瓜 ⋯⋯⋯⋯⋯⋯⋯⋯⋯⋯⋯
玫瑰花瓣 ⋯⋯⋯⋯⋯⋯⋯⋯⋯⋯
小豆蔻 ⋯⋯⋯⋯⋯⋯⋯⋯⋯⋯⋯
柑桔皮 ⋯⋯⋯⋯⋯⋯⋯⋯⋯⋯⋯
橙花 ⋯⋯⋯⋯⋯⋯⋯⋯⋯⋯⋯⋯
檸檬皮 ⋯⋯⋯⋯⋯⋯⋯⋯⋯⋯⋯
甘草 ⋯⋯⋯⋯⋯⋯⋯⋯⋯⋯⋯⋯
覆盆子 ⋯⋯⋯⋯⋯⋯⋯⋯⋯⋯⋯

搭配建議

果香通寧水
（或中性通寧水）

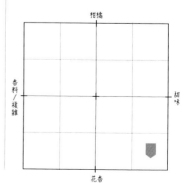

ARTISAN SPIR·
SOUTHWESTER
DISTILLERY
· EST. 2012 ·
HANDCRAFTED IN CORNWA

TARQUIN'S
HANDCRAFTED
GIN

42%

TARQUIN'S HANDCRAFTED CORNISH DRY GIN

塔昆手工
康瓦爾干型琴酒

源 起

塔昆手工康瓦爾琴酒源於北康瓦爾杳無人跡的大西洋沿岸，西南蒸餾廠（Southwestern Distillery）仍在北康瓦爾郡小批量生產此款琴酒，並由創辦人兼製酒師塔昆主理。除了琴酒，家族企業還生產法國茴香酒。蒸餾廠的核心是名為塔瑪拉（Tamara）的銅製蒸餾器，塔昆琴酒在2014年國際葡萄酒暨烈酒大賽獲得了金牌。當中一些成分如德文郡紫羅蘭，在自家花園中就可以找到，其他藥草植物則來自世界各地。

口味和香氣

氣味讓人聯想到橙花甜甜的幽香，味道甜美新鮮，帶有異國情調，餘韻相當藥草（主要是小豆蔻味）。

成 分

科索沃的杜松子 ·················
北康瓦爾郡產的德文郡
紫羅蘭 ·················
保加利亞的芫荽籽 ·················
甜橙皮 ·················
檸檬皮 ·················
葡萄柚皮 ·················
波蘭的歐白芷根 ·················
摩洛哥的鳶尾根 ·················
瓜地馬拉的綠色小豆蔻籽 ····
摩洛哥的苦杏仁 ·················
馬達加斯加的肉桂 ·················
烏茲別克的甘草 ·················

搭配建議

中性或果香通寧水

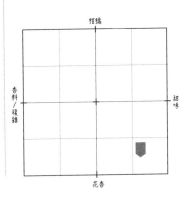

柑橘

香料／複雜

甜味

花香

THE DUKE MUNICH DRY GIN
公爵慕尼黑干型琴酒

源 起

該款琴酒的名稱源自於法蘭茲·波拿文圖拉·阿達爾貝特·瑪利亞·荷索·馮·拜仁公爵（Franz Bonaventura Adalbert Maria Herzog von Bayern），或簡稱為巴伐利亞公爵（Duke of Bavaria），這位公爵是曾經統治巴伐利亞王國的維特爾斯巴赫家族（House of Wittelsbach），時至今日法蘭茲仍保留他的王室頭銜。公爵琴酒使用13種藥草植物在慕尼黑生產，其中包括兩種典型的啤酒香料：啤酒花和麥芽。所有的藥草都是有機的，未經處理的杜松子是公爵琴酒特色的由來。在裝瓶之前，琴酒再次經仔細過濾，以確保琴酒的純度。

口味和香氣

嗅覺上帶有杜松子的香氣，品嘗時在口感上芫荽味也很明顯，帶有強烈的花香味，奶油般的餘味帶有淡淡的巧克力和咖啡香。

成 分

杜松子
芫荽
檸檬皮
薰衣草
薑
橙花
啤酒花
麥芽
桂皮
蔓越莓
葛縷子
祕密成分

搭配建議

中性或芳香通寧水

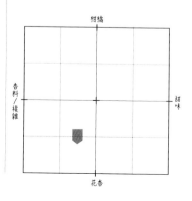

PRODUCT OF ENGLAND

E LONDON N°1®

ORIGINAL BLUE GIN

the personal supervision of our master distiller. A uniq

DISTILLED GIN • 47% VOL

47
%

THE LONDON N°1 GIN
倫敦一號琴酒

源 起

倫敦一號琴酒在製酒師查爾斯・麥斯威爾的監督下，以小批量經過四次蒸餾。該款琴酒具有非常獨特的顏色，因此也取了適合的名稱：原創藍色琴酒。此款引人注目的藍色琴酒源於浸漬梔子花（許多男性會在西裝翻領上使用這種花）。這款極頂級琴酒具有四項顯著特徵：使用北倫敦的泉水，處理得最好的薩福克（Suffolk）和諾福克（Norfolk）穀物，精密的蒸餾工藝，及使用世界各地十幾種藥草植物和香料。倫敦一號琴酒屬於一組在倫敦蒸餾的精選琴酒。

口味和香氣

梔子花在琴酒上留下印記，打開酒瓶那一刻就會聞到，味道相當甜，但帶有藥草調。

成 分

克羅埃西亞的杜松子 …………
香港的黑醋栗 …………
土耳其的八角 …………
斯里蘭卡的肉桂 …………
摩洛哥的芫荽 …………
義大利的鳶尾根 …………
義大利的檸檬和橙皮 …………
法國阿爾卑斯山的香薄荷 …
希臘的杏仁 …………
梔子花 …………
香柑油 …………

搭配建議

果香通寧水
（或中性通寧水）

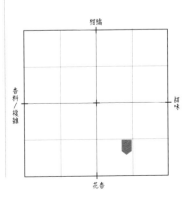

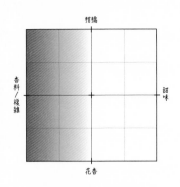

左側：偏香料 / 複雜性
搭配使用芳香通寧水

（或中性通寧水）

　　以複雜的風味和辛香調為主，可聯想到土壤味、胡椒和淡淡的藥草及香料感，例如茴香和薑、還有巧克力、蘋果和木頭。在我們風味象限圖這個角落出現的琴酒，對琴酒愛好者來說是一場喜悅的馳騁，而其他象限角落的琴酒則被指稱為單一風味 —— 當然不是指「無聊」，只是指出其內容 —— 這種琴酒將使飲用者享受到雲霄飛車般的味覺印象。

　　品嘗香料 / 複雜性的琴酒時，你首先會發現琴酒的經典風味被酒體中嶄新的細微差異取代，餘韻中會有更多味覺感受在角落出現。正是這種多層面的特性，成為複雜性琴酒背後的力量（和定義）。是的，的確，透過更加經常地選擇這類琴酒，我們在味覺上也變得更加大膽。冒險型的人總是喜歡玩遊樂場中的雲霄飛車。你在選酒品味上寧願打安全牌嗎？在這種情況下，或許明智的做法是完全撤除風味象限圖的此一區域。

BLACKWOODS VINTAGE DRY GIN
黑木年份
干型琴酒

源 起

黑木琴酒是一款蘇格蘭特級干型琴酒，使
用昔得蘭群島（Shetland Islands, 位於蘇格蘭
本島東北邊的群島）上的藥草植物製作。儘
管昔得蘭群島自1472年以來就成為蘇格蘭
的一部分，但地理位置更靠近挪威的卑爾
根（Bergen）而非愛丁堡（Edinburgh）。昔
得蘭群島的氣候與斯堪地那維亞的氣候極為
相似：漫長的冬季和短暫的夏季，在晴朗的
日子裡，這些島嶼擁有真正的田園風光；壯
觀的遠景誇耀著島嶼的美麗，有時在昔得蘭
群島上肆虐的風暴也令人嘆為觀止。儘管在
難以到達的懸崖上生長著美麗的花朵，但由
於極端的天氣條件，那裡僅發現數百種植物
物種。為了生產以當地斯堪地納維亞風味為
基礎的黑木琴酒，生產商每年都要等待完美
的天候條件，以手工採摘他們的藥草植物。
酒瓶上的年份表示藥草植物採摘的年份，這
會導致風味上的細微差異。除了40%版本的
琴酒外，還有酒精濃度60%的琴酒，是專
門為經驗豐富的調酒師開發的，每年僅生產
22,000瓶，與昔得蘭群島上的居民數量一樣
多。

口味和香氣

帶有豐富的柑橘和柳橙香氣,口感滑順,但帶有杜松子的清新感,是一款向昔得蘭群島致敬的植物性琴酒。

成　分

杜松子 ·······················
海石竹 ·······················
驢蹄草 ·······················
繡線菊 ·······················
芫荽 ·······················
檸檬皮 ·······················
肉桂 ·······················
甘草 ·······················
肉豆蔻 ·······················

搭配建議

中性或芳香通寧水

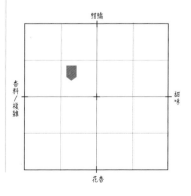

D DRY

Reisetbauer

BLUE GIN

®

PREMIUM
AUSTRIAN
QUALITY
VINTAGE
DISTILLED
DRY GIN
SMALL BATCH

43% VOL ℮ 70CL

奥地利

BLUE GIN
藍色琴酒

40 %

源 起

藍色琴酒出自奧地利製酒師漢斯·里瑟鮑爾
（Hans Reisetbauer）之手，他在2006年將這
款令人驚嘆的琴酒投入市場，至少可說蒸餾
工藝是不尋常的。每支容量300公升的小型
銅壺用來進行第一次蒸餾，蒸餾一種叫「木
蓮」（Mulan）的烘焙用小麥和玉米等原料，
運用壺式蒸餾法蒸餾出40%的基底酒精，第
二次蒸餾使用96%酒精和來自不下十個國
家的27種以上藥草植物一起蒸餾，例如來
自西班牙、越南、埃及、羅馬尼亞、中國、
印尼、荷蘭、土耳其和美國的成分。在三天
的浸漬期間內，再次以壺式蒸餾法處理混合
物，然後將藥草植物和酒精分離，接著用來
自阿爾卑斯山區河流的清澈泉水稀釋藍色琴
酒。

口味和香氣

味道清新、優雅、辛辣，帶有典型的杜松子
味使其充滿柑橘調。該款琴酒餘韻的辛香味
帶有令人驚奇的土壤味，無疑使其成為一款
值得深品的琴酒。

成 分

杜松子⋯⋯⋯⋯⋯⋯⋯⋯⋯⋯⋯
磨碎的檸檬皮⋯⋯⋯⋯⋯⋯⋯
歐白芷根⋯⋯⋯⋯⋯⋯⋯⋯⋯
芫荽籽⋯⋯⋯⋯⋯⋯⋯⋯⋯⋯
薑黃⋯⋯⋯⋯⋯⋯⋯⋯⋯⋯⋯
甘草⋯⋯⋯⋯⋯⋯⋯⋯⋯⋯⋯

搭配建議

芳香通寧水
（或中性通寧水）

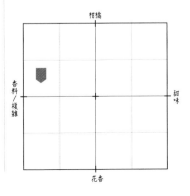

柑橘

香料／複雜

甜味

花香

英　國

40 %

BULLDOG GIN
鬥牛犬琴酒

源　起

這是一款源自倫敦，充滿男性氣概的琴酒，由一名前投資銀行家於 2007 年推出。琴酒中的 12 種藥草植物代表該品牌的全球性，酒瓶上有堅固的鉚釘狗項圈，彰顯其霸氣性格。琴酒經四次蒸餾，享譽全球。鬥牛犬琴酒非常適合加入冰塊飲用（drink on the rocks），但運用於任何雞尾酒也不落下風。

口味和香氣

一旦你敢打開酒瓶，芫荽和柑橘強烈的花香就立即顯現出來，非常不甜，口感柔和，杜松子占主導地位，藥草植物元素使鬥牛犬琴酒的風味非常平衡。

成　分

杜松子 ·····························
杏仁 ·······························
薰衣草 ·····························
桂皮 ·······························
芫荽籽 ·····························
龍眼 ·······························
甘草 ·······························
罌粟 ·······························
荷葉 ·······························

搭配建議

芳香通寧水
（或中性通寧水）

其他琴酒產品

· 鬥牛犬強度琴酒（Bulldog Gin Extra Bold）／酒精濃度 47%／高強度琴酒

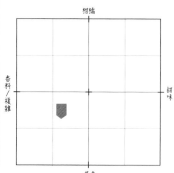

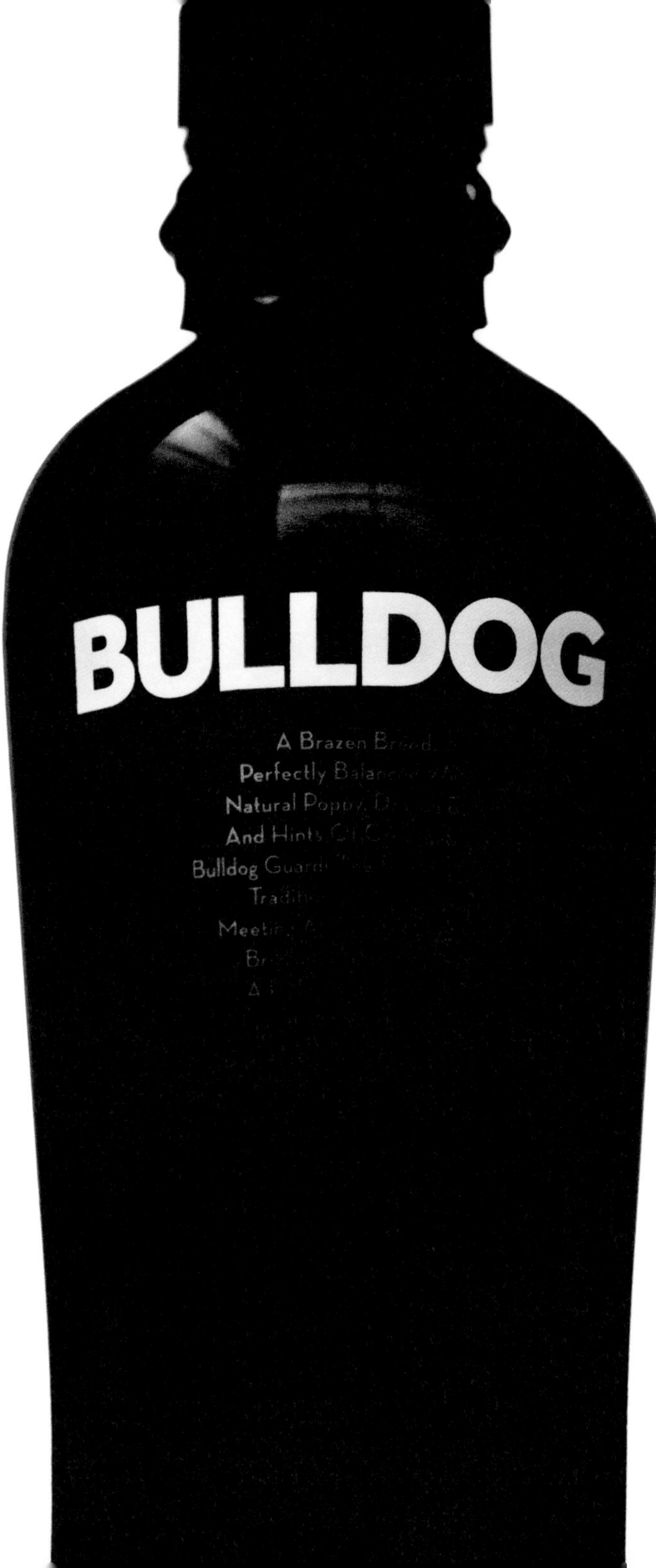
BULLDOG

49.9 %

DODD'S GIN
杜德琴酒

蜂蜜

源　起

杜德琴酒是倫敦蒸餾廠公司（The London Distillery Company）於2011年透過群眾募資創立的第一款琴酒（以及威士忌）。該琴酒與其他事業——如酒吧、拳擊俱樂部、美術館、設計工作室和快餐車業務——一起坐落在倫敦巴特西（Battersea）的一家舊牛奶工廠中。

現下是由化學家安德魯·麥克勞德·史密斯（Andrew MacLeod Smith）負責蒸餾。該款琴酒的驚人之處在於它包含兩種單獨蒸餾的琴酒，這兩種琴酒混合製成杜德琴酒。首先生產倫敦干型琴酒，然後製造第二批藥草植物蒸餾液，幾週後，將這兩種蒸餾液混合，並以49.9%的酒精濃度裝瓶。該款琴酒的獨特之處在於使用蜂蜜，且現在一同生產此款琴酒的同事葛拉漢·米奇（Graham Michie）也創造出自己的通寧水糖漿，真是一群有創意的人！

口味和香氣

一款順口又完美平衡的琴酒，舌尖帶有一抹淡淡的鋒利感。

成　分

杜松子……………………………
小豆蔻……………………………
歐白芷根…………………………
新鮮萊姆皮………………………
紅覆盆子…………………………
月桂………………………………
月桂葉……………………………
倫敦蜂蜜公司的蜂蜜與其他成分……………………………………

搭配建議

中性通寧水或芳香通寧水

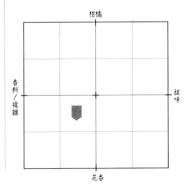

柑橘

甜味

香料／複雜

花香

44
%

FERDINAND'S SAAR DRY GIN
費迪南薩爾干型琴酒 [1]

30
%

FERDINAND'S SAAR QUINCE GIN
費迪南薩爾榅桲琴酒 [2]

源 起

費迪南薩爾干型琴酒採用麗絲玲（Riesling）葡萄釀製而成，從薩爾堡勞施（Saarburger Rausch）席勒根莊園（Zilliken）陡峭的頁岩斜坡上精心採摘而來。首席製酒師安德里・法倫達爾（Andreas Vallendar）的精湛工藝，以及三十多種平衡的藥草植物 —— 有些來自葡萄園，有些則在該莊園種植 —— 保證了琴酒的品質卓越。費迪南薩爾干型琴酒之名得自皇家普魯士地區的林務官費迪南・傑爾茲（Ferdinand Geltz），這位歷史人物是摩賽爾席勒根莊園（VDP Mosel-Saar-Ruwer Zilliken）的共同創辦人，該莊園是德國最美麗的葡萄園之一。費迪南薩爾榅桲琴酒是用新鮮採摘的榅桲製成，這些榅桲生長在蒸餾廠附近，像費迪南薩爾琴酒一樣，該款琴酒在蒸餾過程後浸漬麗絲玲露絲園珍藏甜白酒（Riesling Rausch Kabinett）。

成分：費迪南薩爾干型琴酒

杜松子 ....

百里香 ....

薰衣草 ....

黑刺李 ....

薔薇果 ....

歐白芷根 ....

啤酒花 ....

玫瑰 ....

杏仁 ....

芫荽 ....

薑 ....

成分：費迪南薩爾榲桲琴酒

杜松子 ....

百里香 ....

薰衣草 ....

黑刺李 ....

薔薇果 ....

歐白芷根 ....

啤酒花 ....

玫瑰 ....

杏仁 ....

芫荽 ....

薑 ....

榲桲 ....

口味和香氣：
費迪南薩爾干型琴酒
香氣帶有花香、草香氣息與淡淡柑橘味，葡萄和杜松子的味道也很明顯，薰衣草和玫瑰花瓣使複雜的味道變得生動起來，隨後是麗絲玲葡萄的味道。

口味和香氣：
費迪南薩爾榲桲琴酒
甜苦之間的完美平衡，低酒精濃度也使其非常適合純飲。

搭配建議
芳香通寧水或中性通寧水

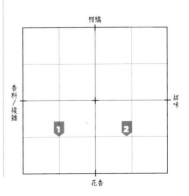

43
%

INVERROCHE CLASSIC GIN
英弗羅奇經典琴酒

源 起

來自南非的第一款琴酒英弗羅奇琴酒，也是蒸餾琴酒稱霸全球的清晰標誌。英弗羅奇蒸餾廠是一家以誠信為本的酒廠，產量有限且品質卓越。英弗羅奇位於古庫河（Goukou River）流入印度洋之處，靠近睡美人灣（Stilbaai）。這是一處自然美景極為豐富的地區，有斜度的山丘、沙丘、高山硬葉灌木群落和犀牛草原植物群，並以山脈和原始森林為背景。該蒸餾廠被葡萄園、橄欖樹和凡波斯植物群（fynbos）所環繞。英弗羅奇這個名稱來自法語和凱爾特語的組合，許多古代語言會結合單詞來表示地點的名稱。「Inver」指的是水體的融合，「Roche」是法語的「懸崖」，指的是石灰岩懸崖，獨特的灌木群落植物因此而得以蓬勃生長。酒廠的建築物也是用石灰石建造，商標是幾何花卉設計，象徵著水與岩石之間的相互作用。英弗羅奇經典琴酒經過兩道蒸餾，在杜松子後，凡波斯植物群扮演了主要角色。

口味和香氣

一款優雅、清新而複雜的琴酒，以非洲和傳統藥草植物的美味混和物製成。口感清爽不甜，前味為杜松子，藥草風味後是柑橘香調，凡波斯植物群微妙賦予琴酒順口的尾韻。

搭配建議
芳香通寧水（或中性通寧水）

其他琴酒產品
- 英弗羅奇琥珀琴酒（Inverroche Gin Amber）/
  酒精濃度43% / 熟成琴酒
- 英弗羅奇翠綠琴酒（Inverroche Gin Verdant）/
  酒精濃度43% / 花香調琴酒

成 分
杜松子 ·····················
凡波斯植物群 ················
桂皮 ·······················
肉桂 ·······················
茴香籽 ·····················
甘草 ·······················
甜橙皮 ·····················
檸檬皮 ·····················
薑根 ·······················
歐白芷根 ···················
茴香籽 ·····················
芫荽籽 ·····················
八角籽 ·····················
小豆蔻 ·····················
鳶尾根 ·····················
萊姆皮 ·····················
天堂籽 ·····················
肉豆蔻 ·····················
甜菖蒲和更多成分 ···········

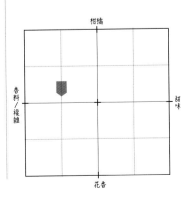

香料 / 複雜性

41.5 %

MOMBASA CLUB GIN
蒙巴薩俱樂部琴酒

蒙巴薩俱樂部　會員卡

源 起

蒙巴薩俱樂部琴酒是典型的復古琴酒，遵循19世紀的配方製作，最初是為蒙巴薩（位於肯亞）的英國殖民者設計的，這些殖民者創立了第一家高檔俱樂部——你猜對了——即是傳奇的蒙巴薩俱樂部。蒙巴薩俱樂部的一些成員——當然只有英國人——特許能享用到此款琴酒。如今，這種烈酒是由精心挑選的芳香藥草植物和香料精製而成，這種獨特配方的道地風味為該款琴酒的新生命注入了活力。

口味和香氣

蒙巴薩俱樂部琴酒散發異國風情，嘗起來很甜，但同時又很清爽。一言以蔽之：優雅。總體來說香料味很重，萊姆和洋茴香的香調有助於整體的香氣。餘韻是悠長的苦味，蒙巴薩俱樂部琴酒非常適合加入冰塊飲用。

成 分

杜松子 ······························

桂皮 ································

孜然 ································

芫荽 ································

丁香 ································

境外產歐白芷根 ····················

搭配建議

芳香通寧水
（或中性通寧水）

其他琴酒產品

· 蒙巴薩上校典藏琴酒（Mombasa Colonel's Reserve）/ 酒精濃度 43.5% / 辛香調琴酒

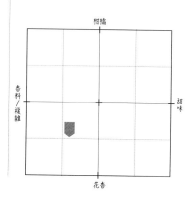

柑橘

香料／複雜　　　　　　甜味

花香

MONKEY 47
猴子47琴酒

成　分

47種藥草植物，包括
杜松子 ·····························
蔓越莓 ·····························
松針 ·······························
薰衣草 ·····························
胡椒 ·······························
丁香

大約一半的藥草植物產自黑森林。

其他琴酒產品

- 猴子47製酒師嚴選版琴酒（Monkey 47 Distiller's Cut）/ 酒精濃度47% / 複雜琴酒
- 猴子47黑刺李琴酒（Monkey 47 Sloe Gin）/ 酒精濃度29% / 黑刺李蒸餾酒

源　起

猴子47琴酒是源自一款黑森林地區、複雜又風味十足的琴酒，酒款名稱為你提供該款琴酒使用的藥草植物數量（47種）及酒精濃度（47%）的線索。裝瓶前，猴子47琴酒會靜置在陶桶中熟成約一百天。酒標上不僅標明裝瓶日期，還會標明桶號和瓶號。猴子47琴酒的特色是由傳統英國配方，及黑森林和印度的藥草植物共同構成，如今，這款琴酒是由黑森林蒸餾廠（Black Forest Distillers）所生產。

口味和香氣

猴子47琴酒是一款相當不尋常的琴酒，口味清爽。杜松子和柑橘的味道加上甜美的味道和花香調氣味，使琴酒具有辛香的「辣口感」，胡椒香料和苦味的水果使風味更加完整。

搭配建議

芳香通寧水（或中性通寧水）

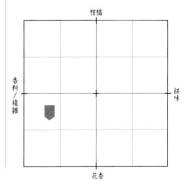

英 國

40 %

OPIHR ORIENTAL SPICED LONDON DRY GIN

所羅門大象香料倫敦干型琴酒

成 分
威尼斯杜松子 ⋯⋯⋯⋯⋯
馬來西亞的尾胡椒 ⋯⋯⋯⋯
黑胡椒 ⋯⋯⋯⋯⋯⋯⋯⋯
印度的小豆蔻 ⋯⋯⋯⋯⋯
土耳其的孜然籽 ⋯⋯⋯⋯⋯
摩洛哥的芫荽 ⋯⋯⋯⋯⋯⋯
西班牙的柳橙 ⋯⋯⋯⋯⋯⋯

搭配建議
芳香通寧水
（或中性通寧水）

源 起
所羅門大象香料倫敦干型琴酒在英國製造，但以沿著香料之路的原料調味。瀏覽他們別致的網站，網站上會以獨創方式告訴你所有植物的來源。該款琴酒在英格蘭最古老的蒸餾廠G&J格林諾（G&J Greenall）中蒸餾。

口味和香氣
充滿異國情調且香氣複雜的琴酒，帶有孜然、小豆蔻和柑橘的精緻香氣，完美的胡椒味使藥草植物的味道更佳完整。

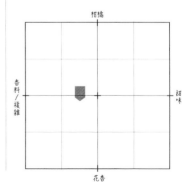

45%

ST. GEORGE TERROIR GIN, BOTANIVORE GIN & DRY RYE GIN

聖喬治風土琴酒[1]、藥草植物琴酒[2]和裸麥干型琴酒[3]

源 起

聖喬治酒業（St. George Spirits）由約格・魯普夫（Hörg Rupf）於1982年成立，是一家手工蒸餾廠。如今，聖喬治酒業已從一人公司擴展為一家占地65,000平方公尺，擁有完整製酒師的公司，但仍秉承其誠信的價值。該蒸餾廠位於加州歷史悠久的阿拉米達海軍航空站（Alameda Naval Air Station）內，目前產品系列中擁有三款琴酒。風土琴酒中含有各種藥草植物，包括向加州致敬的三種植物花旗松、月桂和鼠尾草。實際上風土之名是一種隱喻，因為它指的是琴酒成分生長的地理區域。聖喬治藥草植物琴酒或稱「藥草食客」，其名源自琴酒中含有19種藥草植物。第三款聖喬治裸麥干型琴酒，實際上是一款特立獨行的琴酒，因為它是用裸麥製成，帶給琴酒溫暖和富麥芽味的特色。此外，裸麥干型琴酒的杜松子用量比其他兩款聖喬治琴酒多了50%。

 www.stgeorgespirits.com

歐白芷根

口味和香氣：
聖喬治風土琴酒
杜松子幾乎是配角，主要以月桂和花旗松為主。

口味和香氣：
聖喬治藥草植物琴酒
同時具備清爽、優雅而辛香的風味。

口味和香氣：
聖喬治裸麥干型琴酒
肉豆蔻和新鮮杜松子的香味，杜松子也在味道上扮演主導角色，伴隨著辛香的胡椒味、薰衣草和其他藥草植物的味道。

搭配建議
中性通寧水

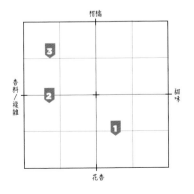

成分：聖喬治風土琴酒
杜松子 ·······························
芫荽籽 ·······························
花旗松 ·······························
月桂 ·································
鼠尾草和其他成分 ···················

成分：聖喬治藥草植物琴酒
杜松子 ·······························
歐白芷根 ·····························
月桂 ·································
香柑皮 ·······························
黑胡椒 ·······························
孜然 ·································
小豆蔻 ·······························
芫荽 ·································
肉桂 ·································
啤酒花 ·······························
蒔蘿籽 ·······························
茴香 ·································
薑 ···································
檸檬皮 ·······························
萊姆皮 ·······························
鳶尾根 ·······························
橙皮 ·································
八角 ·································

成分：聖喬治黑麥干型琴酒
杜松子 ·······························
黑胡椒 ·······························
孜然 ·································
芫荽 ·································
葡萄柚皮 ·····························
萊姆皮 ·······························

蘇格蘭

THE BOTANIST ISLAY DRY GIN
植物學家
艾雷島干型琴酒

46%

源　起

植物學家由布萊迪蒸餾廠（Bruichladdich Distillery）生產，該酒廠以優質單一麥芽威士忌而聞名。植物學家是一款小批量生產的琴酒，由9種基本香氣和22種本地手工採摘的藥草植物製成，這些植物是艾雷島上的野生植物，以其生產的優質泥煤威士忌聞名。該款琴酒在獨特而著名的蒸餾器 —— 名為醜女貝蒂（Ugly Betty）—— 中蒸餾，貝蒂不疾不徐，並且在低壓下工作，這有助於釋放出微妙的香氣。

 www.thebotanist.com

成　分

杜松子·················
桂皮·················
肉桂皮·················
芫荽籽·················
甘草·················
鳶尾根·················
接骨木莓酒·················
蕨類植物·················
山楂·················
大黃·················
蕁麻糖漿·················
紫羅蘭糖漿·················
石南·················
春季花卉·················
茉莉芹籽·················
海藻·················
苔蘚·················
梨·················
歐白芷根·················
萊姆·················
蘋果薄荷葉·················
甘菊·················
歐薄荷·················
百里香·················
香桃木和其他成分·················

口味和香氣

散發出松針、杜松子、尤加利和精緻的薑的
香氣，甘草的存在讓複雜的辛香柔順起來，
餘韻中再次品嘗到杜松子、帕爾瑪紫羅蘭的
味道。

搭配建議

芳香通寧水（或中性通寧水）

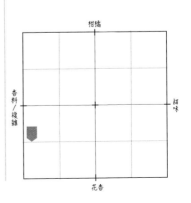

43.1%

UNGAVA CANADIAN PREMIUM GIN

昂加瓦
加拿大頂級琴酒

源 起

昂加瓦琴酒是蘇珊和查爾斯・克勞佛（Susan & Charles Crawford）夫婦所獨創，這對夫妻住在魁北克南部弗里萊斯堡（Frelighsburg）蘋果園間的品尼可酒莊（Domaine Pinnacle）。他們最初專注於製造蘋果酒，但很快又邁出一步，開始製作他們的第一款琴酒：昂加瓦琴酒，Ungava 在因紐特語中的意思是「通向大海」。此款琴酒的黃色來自生產中使用特定的混合茶品，在短暫夏季期間採摘了6種使昂加瓦琴酒獨具風味的藥草植物。

魁北克

口味和香氣

帶有100%天然成分的辛香調琴酒，具有強烈的香氣和柔和的口味。

成 分

北歐杜松子 ⋯⋯⋯⋯⋯⋯⋯⋯⋯⋯
野薔薇果 ⋯⋯⋯⋯⋯⋯⋯⋯⋯⋯⋯
雲莓 ⋯⋯⋯⋯⋯⋯⋯⋯⋯⋯⋯⋯⋯
岩高蘭 ⋯⋯⋯⋯⋯⋯⋯⋯⋯⋯⋯⋯
加茶杜香（Ledum Groenlandicum）⋯⋯⋯⋯⋯⋯⋯⋯⋯
小葉杜香（Rhododendron tomentosum）⋯⋯⋯⋯⋯⋯⋯⋯⋯⋯

搭配建議

搭配中性通寧水為宜

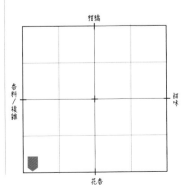

香料／複雜性

42 %

WHITLEY NEILL HANDCRAFTED GIN
惠特利尼爾
手工琴酒

源　起

惠特利尼爾是一款手工製造的琴酒，品質非凡，其靈感來自非洲生動的美景，但產地是英格蘭。琴酒是由強尼・尼爾（Johnny Neill）小批量蒸餾，強尼・尼爾是湯瑪斯・格林諾（Thomas Greenall）的直系後代，也是一長串製酒師的最後一位。惠特利尼爾琴酒結合了八代的專業知識與畢生對冒險的熱愛，成果無與倫比。此款屢獲殊榮的琴酒，巧妙地將稀有的非洲植物和不尋常的香氣與異國情調融為一體。像一杯好葡萄酒一樣，會在杯壁上留下酒液。

口味和香氣

藥草帶來強烈的香氣，味道帶有香料與些許柑橘調。

成　分

杜松子 ……………………………

芫荽籽 ……………………………

燈籠果 ……………………………

猢猻木果 …………………………

甜檸檬皮 …………………………

甜橙皮 ……………………………

歐白芷根 …………………………

桂皮 ………………………………

鳶尾根 ……………………………

搭配建議

芳香或中性通寧水

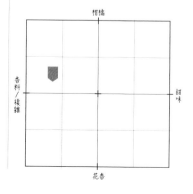

TRADE MARK

WHITLEY NEILL

HANDCRAFTED DRY GIN

SMALL BATCH Distilling gin for ⑧ generations SINCE 1762

...CRAFTED GIN of exceptional quality,
...the captivating flavours of AFRICA. Fresh
...fruit and aromatic CAPE GOOSEBERRIES
...ined with 7 TRADITIONAL BOTANICALS
...TIQUE COPPER STILL to produce a
...OR TRUE AFRICAN SPIRIT.

J. Whitley Neill

JOHNNY NEILL

Batch No. 002   42 % VOL 70cl ℮

西班牙

38%

XORIGUER GIN
索里吉爾琴酒

源 起
索里吉爾琴酒源自於梅諾卡島（Menorca, 位於馬翁Mahon），由米格爾・彭斯・古斯特（Miguel Pons Justo）創立。Xoriguer這個名字源自於1784年建造屬於彭斯家族古老風車，自18世紀英國占領以來，人們就在梅諾卡島生產琴酒。就像普利茅斯琴酒一樣，它是世界上少數以地理位置命名的琴酒之一。在蒸餾過程中，使用葡萄烈酒代替常用的穀物蒸餾液。在裝瓶之前，琴酒會先在美國橡木桶中熟成。當然，最重要的成分是杜松子，而其他藥草植物的名稱則是精心保護的祕方。

口味和香氣
淡淡的鮮花和香草香氣，風味帶有杜松子和花香（紫羅蘭），並帶有溫暖辛香的餘韻。

成 分
杜松子和其他祕密成分 ………

搭配建議
中性通寧水為宜

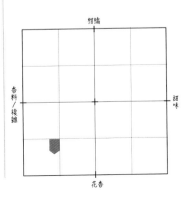

柑橘

香料／複雜

甜味

花香

香料／複雜性

221

奇特風味琴酒

風味象限圖是我們對琴酒分類的指南，由於風味的近期發展，有些琴酒我們無法明確放在風味象限圖上，因此，我們將這些琴酒定義為奇特風味，就像幾年前的威士忌世界一樣，生產商改變了風味的界限，因此，琴酒世界也展現出新的味覺體驗。

舉個例子來說明清楚吧。「過桶」（finishing）這個詞最近與威士忌開始扯上關係，大品牌一直在嘗試透過提供新的口味樣式來保持威士忌是一種性感產品的形象，現在，威士忌的生產者不再使用經典橡木桶來熟成威士忌，而是使用舊的葡萄酒桶、舊的波特桶或舊的馬德拉酒桶，這導致了全新的風味變化。琴酒也發生同樣的現象，生產者正在突破所謂的「風味界限」，並在嘗試新的成分和工作方式。因此，例如霍克斯頓琴酒（Hoxton Gin）使用椰子作為成分，而瑪芮琴酒等則創新使用了阿貝金納橄欖。也正在建立過桶的新方式，有些琴酒可以在大桶中熟成，例如雷森老湯姆琴酒（頁291）、哥倫比亞熟成琴酒（頁288）和絲塔朵典藏琴酒（頁171）。

為了支持我們的看法，我們將根據成分來討論幾款奇特的琴酒，熟成琴酒將在後續出現，並在我們非常規之選的篇章中占有一席之地。

這種奇特風味的琴酒，我們前面討論的通寧水分類並不適用，因此有必要單獨評估每款琴酒。

HAND CRAFTED

LONDON

DRY GIN

ELEPHANT GIN

BATCH NAME (1) Mazithe   BOTTLE № 171   45% VOL
(1) EACH BATCH IS NAMED AFTER PAST GREAT TUSKERS OR ELEPHANTS WE CURRENTLY PROTECT.

45%

ELEPHANT GIN
大象琴酒

源 起

我們至少可以說，大象琴酒是一款具有社會責任的琴酒。德國製酒大師羅賓‧杰拉赫（Robin Gerlach）、泰沙‧威納科（Tessa Wienker）和亨利‧帕默（Henry Palmer）致力於保護大象，並相信當代人對非洲野生生物的生存負有責任，他們將琴酒15%的利潤用於大生命基金會（Big Life Foundation）和大象空間（Space for Elephants）。他們每批次只生產800瓶，每批次都以該事業支持的大象名字命名。大象琴酒是在德國漢堡進行一次蒸餾，但生產商的目的是讓琴酒與異國情調的非洲產生關聯，他們透過使用典型的非洲藥草植物來做到這一點：猢猻木果、南非香葉木、獅尾花和魔鬼爪。

口味和香氣

琴酒散發出松木、鹵水、薑和水果的香氣，第一口會品嘗到異國風味和香料味，餘韻帶有接骨木花帶來的花香。

成 分

杜松子………………………

桂皮………………………

橙皮………………………

薑………………………

薰衣草………………………

接骨木花………………………

多香果………………………

新鮮蘋果………………………

松針………………………

猢猻木果………………………

南非香葉木………………………

獅尾花………………………

魔鬼爪………………………

搭配建議

中性通寧水

杜松子

42.7
%

GIN MARE
瑪芮琴酒

比利亞努埃瓦赫爾特魯

源 起

瑪芮琴酒以最優質的藥草植物和香料製成，主要選自地中海地區。這些成分在比利亞努埃瓦赫爾特魯（Vilanova i la Geltrú）單獨蒸餾，那是一座位於黃金海岸（Costa Dorada）的小村莊 —— 這只讓琴酒顯得更加田園風光 —— 在一所風景如畫的老教堂裡，該酒莊曾經是僧侶的避難所。1950年，吉羅瑞伯特（Giro Ribot）家族買下了這個地區，以迎合家族不斷發展的事業。他們的MG琴酒於1940年推出，在西班牙大受好評。後來在2007年，他們決定加入全球頂級品牌公司（Global Premium Brands）—— 該公司比瑞伯特兄弟擁有更多的行銷經驗，並開始開發新款琴酒。瑪芮琴酒經過多種藥草植物和香料的大量試驗，於2008年問世。2012年該品牌推出了新包裝。

口味和香氣

藥草植物香氣，讓人聯想到充滿番茄樹的潮濕森林，伴隨迷迭香和黑橄欖的微妙香氣，充滿杜松子和芫荽的香氣，然後切換到百里香、迷迭香和羅勒的草本苦韻，淡淡的苦味餘韻中帶有綠橄欖、小豆蔻和羅勒的調性。這款極頂級琴酒有自身特色，並且擁有不同於市場上其他琴酒的風味平衡。

成 分

手工採摘的杜松子……
阿貝金納橄欖……
希臘的迷迭香……
義大利羅勒……
土耳其百里香……
摩洛哥的芫荽……
斯里蘭卡的小豆蔻……
塞維亞的苦橙……
瓦倫西亞的甜橙……
萊里達的檸檬……

搭配建議

1724通寧水或芬味樹地中海通寧水

GIN SEA
海洋琴酒

源　起

海洋琴酒為西班牙著名的侍酒師之一曼紐・巴里恩托斯（Manuel Barrientos）所有，但它是由一百多位開發此配方的專業人士合作開發。海洋琴酒使用倫敦百分之百的穀物蒸餾液，經五次蒸餾，該配方使用10種不同的藥草植物，每種成分皆分別浸泡，然後在埃爾維與穆蘭酒廠（Herve & Moulin, 位於波爾多Bordeaux）自1890年開始使用的舊蒸餾器蒸餾，因此在酒標上用了1890這個年份。

口味和香氣

帶有淡淡香料的精緻風味，薄荷帶來怡人的清爽感，也因柑橘確保一定的清新度。

成　分

杜松子 ⋯⋯⋯⋯⋯⋯⋯⋯⋯⋯

小豆蔻 ⋯⋯⋯⋯⋯⋯⋯⋯⋯⋯

芫荽 ⋯⋯⋯⋯⋯⋯⋯⋯⋯⋯⋯

百里香 ⋯⋯⋯⋯⋯⋯⋯⋯⋯⋯

德國甘菊 ⋯⋯⋯⋯⋯⋯⋯⋯⋯

甘草 ⋯⋯⋯⋯⋯⋯⋯⋯⋯⋯⋯

歐薄荷 ⋯⋯⋯⋯⋯⋯⋯⋯⋯⋯

檸檬皮 ⋯⋯⋯⋯⋯⋯⋯⋯⋯⋯

甜橙苦橙皮 ⋯⋯⋯⋯⋯⋯⋯⋯

搭配建議

湯瑪斯亨利通寧水

41.9%

MADAME GENEVA GIN ROUGE
日內瓦夫人紅琴酒

44.4%

MADAME GENEVA GIN BLANC
日內瓦夫人白琴酒

源　起

日內瓦夫人是傳統琴酒市場的一場革命，杜松子的典型口味和紅酒的果香味相結合，賦予此款琴酒全新的氣息。此酒帶有苦味卻清新，由46種藥草植物和濃郁而芳香的紅酒組成。該紅酒是由義大利普利亞（Apulia）種植的普里米蒂沃（Primitivo）葡萄所製成，這些葡萄藤已有六十多年歷史，並以其紅寶石（Rubin）紅酒聞名。琴酒由十字軍酒廠（Kreuzritter GmbH&Co. KG）釀製，該酒廠位置過去曾是名為邁霍夫（Meyerhof）的農場，周圍環繞著美麗的公園。該款琴酒之名源自18世紀中葉英格蘭琴酒熱潮中所獲得的暱稱。

姊妹款琴酒日內瓦夫人白琴酒與紅酒版本相反：是一款經典的「復古琴酒」，僅含3種成分。如果你想知道一百年前琴酒嘗起來是什麼味道，在日內瓦夫人白琴酒能夠找到答案。兩款琴酒都裝在不透明的黑色葡萄酒瓶中。你只能看出白點或紅點的差異，因此購買此款琴酒時要特別注意！

口味和香氣：日內瓦夫人紅琴酒

此款溫和的琴酒並沒有忽視杜松子的功勞，但內含46種藥草植物，因此被認為是款複雜的琴酒。日內瓦夫人紅琴酒成功地將琴酒的清新特色與紅酒凝鍊的果香味完美結合在一起。

口味和香氣：日內瓦夫人白琴酒

這是一款純淨經典的琴酒，帶有芳香和微辣的調性。

成分：日內瓦夫人紅琴酒

杜松子......................................

紅酒......................................

大量藥草植物祕方..................

搭配建議

中性通寧水

成分：日內瓦夫人白琴酒

杜松子......................................

芫荽......................................

薑......................................

搭配建議

中性或芳香通寧水

N

NORDÉS
ATLANTIC GALICIAN GIN

NORDÉS ATLANTIC GALICIAN GIN

諾迪斯大西洋 加利西亞琴酒

源起

諾迪斯琴酒是一款來自西班牙加利西亞的琴酒，該款琴酒的顯著特點是除了15種藥草植物，製造商還添加了阿爾巴利諾（Albariño）白酒的蒸餾液。阿爾巴利諾是生長在西班牙西北角加利西亞地區里亞斯貝克薩（Rías Baixas）的葡萄品種。諾迪斯琴酒之所以得名，是因為該地區吹來的清新北風。阿爾巴利諾葡萄酒公認是西班牙頂級品質的白酒，特徵是帶有桃子、杏桃和其他熱帶水果的芳香。

口味和香氣

這是一款大膽的琴酒，出自尤加利和阿爾巴利諾葡萄，具有獨特的香水般氣味。味道偏甜，但又不太甜。鹽角草和檸檬讓諾迪斯琴酒保持其清爽的特性，就口味和香氣而言獨樹一幟。

成分

杜松子 ....
鹽角草 ....
香茅 ....
檸檬皮 ....
尤加利葉 ....
鼠尾草 ....
薄荷 ....
小豆蔻 ....
奎寧 ....
薑 ....
木槿 ....
甘草 ....
茶葉 ....

搭配建議

中性通寧水

40 %

SAFFRON GIN
番紅花琴酒

源 起

番紅花琴酒是基於一種失而復得的配方，該配方源自印度的法國殖民者，帶給這款琴酒新的生命力，此一配方在加百列‧布迪耶（Gabriel Boudier）酒廠所擁有的微型蒸餾器中製造。配方具有殖民地時代的特徵：琴酒含有異國藥草植物成分，散發出風味和濃郁的香氣。番紅花琴酒使用番紅花小批量手工製造，我們認為此款琴酒不是一款容易遇見的琴酒。

口味和香氣

番紅花琴酒呈深橘色，帶有柳橙和橘子的香氣，當中有杜松子的微妙風味。口感柔和，番紅花的味道受到壓抑，略有延遲。

成 分

杜松子·····························

芫荽·······························

檸檬·······························

橘皮·······························

歐白芷根···························

鳶尾根·····························

小茴香·····························

番紅花·····························

搭配建議

無需搭配，純飲（搭配幾顆咖啡豆），或者搭配中性通寧水和一片柳橙甚至會更好。

SKIN GIN
皮紋琴酒

42 %

源　起

皮紋琴酒是一款新進琴酒，基於丹麥人馬丁・比爾克・詹森（Martin Birk Jensen）與德國人馬西亞斯・魯許（Mathias Rüsch）之間的友誼而開發出來。包裝不僅引發人們的想像，還有其主要成分：摩洛哥薄荷。該款琴酒受到皮紋和紋身世界的啟發（酒瓶上的風格錨點），也以各種包裝行銷：有時帶有皮革外觀，有時採用仿蛇皮，但始終具有非凡的品味。包裝總是以手工完成，這是一項艱鉅的工作。

口味和香氣

帶有明顯的薄荷味，與蒸餾液中許多柑橘調完美地融合在一起，品嘗琴酒時，可以感覺到風味明顯能保持完美平衡。

成　分

杜松子 ⋯⋯⋯⋯⋯⋯⋯⋯⋯⋯⋯⋯⋯⋯
芫荽 ⋯⋯⋯⋯⋯⋯⋯⋯⋯⋯⋯⋯⋯⋯⋯
摩洛哥薄荷 ⋯⋯⋯⋯⋯⋯⋯⋯⋯⋯⋯
萊姆 ⋯⋯⋯⋯⋯⋯⋯⋯⋯⋯⋯⋯⋯⋯⋯
檸檬 ⋯⋯⋯⋯⋯⋯⋯⋯⋯⋯⋯⋯⋯⋯⋯
柚子 ⋯⋯⋯⋯⋯⋯⋯⋯⋯⋯⋯⋯⋯⋯⋯
柳橙 ⋯⋯⋯⋯⋯⋯⋯⋯⋯⋯⋯⋯⋯⋯⋯

搭配建議

1724通寧水或中性通寧水

奇特風味琴酒

西班牙

TIDES GIN
潮汐琴酒

40%

源　起

潮汐琴酒是由加的斯（Cadiz）的白色豪華美食酒廠（Blanc Luxury Gastronomy）製造的，該地位於陽光普照的安達魯西亞（Andalusia），該地區悠久的傳統是優質和豪華的食品，包括阿芙羅蒂珍珠魚子醬（Las Perlas de Afrodita），琴酒中同樣置入了相同的技巧和專業知識。潮汐琴酒是以隔水加熱（au-bain-marie）方式蒸餾的少數琴酒之一，製造商將溫度保持在恆定水平，這當然會導致蒸餾過程更漫長，但這也代表蒸餾液能將藥草植物的風味吸收得更好，此款琴酒在銅製蒸餾器中經歷三次蒸餾。

口味和香氣

精美又強烈的香氣；嘗起來帶有異國口味，帶有柑橘香氣和鹽角草的餘韻。

成　分

杜松子⋯⋯⋯⋯⋯⋯⋯⋯⋯⋯⋯
鹽角草⋯⋯⋯⋯⋯⋯⋯⋯⋯⋯⋯
芫荽⋯⋯⋯⋯⋯⋯⋯⋯⋯⋯⋯⋯⋯
歐白芷根⋯⋯⋯⋯⋯⋯⋯⋯⋯⋯
馬鞭草⋯⋯⋯⋯⋯⋯⋯⋯⋯⋯⋯
肉桂⋯⋯⋯⋯⋯⋯⋯⋯⋯⋯⋯⋯⋯
柳橙⋯⋯⋯⋯⋯⋯⋯⋯⋯⋯⋯⋯⋯
萊姆⋯⋯⋯⋯⋯⋯⋯⋯⋯⋯⋯⋯⋯
檸檬⋯⋯⋯⋯⋯⋯⋯⋯⋯⋯⋯⋯⋯
香柑⋯⋯⋯⋯⋯⋯⋯⋯⋯⋯⋯⋯⋯

搭配建議

中性通寧水

Catavinum World Wine & Spirits Competition
Gold
- Spain 2014 -

blanc

salicornia

premium collection
Tides gin

非常規之選

確實存在帶有暫時性特色的琴酒，這些琴酒是為了特定季節或在特定季節期間製造的，我們將涵蓋所有品項，讓你對琴酒的多樣性感到驚喜！

黑刺李（莓果）琴酒
純飲或
搭配中性通寧水

黑刺李琴酒是一種呈紅色的蒸餾酒，是透過在琴酒中浸漬（浸泡或浸入）黑刺李莓果製成，有時也會添加黑刺李汁液，可以透過在黑刺李中加入糖來萃取汁液，天然調味香料也能添加到蒸餾酒中。

黑刺李琴酒的酒精濃度至少為25%，是水果浸漬而成，並添加少量糖份。今日有幾款商業性的黑刺李琴酒是透過在廉價的中性穀物酒精中添加調味香料來生產，但是也有生產商使用傳統方法。

黑刺李琴酒的配方因製酒師而異，最終仍可以調整口味，但在任何情況下都必須添加足量的糖，以確保黑刺李的風味能完全萃取出來。正確生產黑刺李琴酒時，酒精還會從莓果的果核中吸收一種像是杏仁的味道，從而賦予黑刺李琴酒獨特的風味。一些製酒師會採用較短的浸泡時間，而後再添加杏仁精華，另一種常見的變化是添加肉桂。

黑刺李琴酒非常適合在寒冷的冬日夜晚純飲，但將

之運用在多種雞尾酒中調和（例如琴費士gin fizz）也很得
宜，或調入葡萄酒中或香檳中，也非常出色，黑刺李琴
酒也能為你的琴通寧增添一分風味。

　　黑刺李（莓果）琴酒可以純飲或搭配中性通寧水，
為了增添一些特色，你還可以加入一些來自相同製造商
的琴酒。

英國

26 %

GORDON'S SLOE GIN
戈登黑刺李琴酒

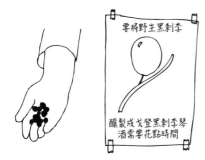

要將野生黑刺李

釀製成戈登黑刺李琴
酒需要花點時間

戈登黑刺李琴酒以手工挑選的成熟黑刺李莓
果製成，與精選的藥草植物和香料達至平
衡。戈登黑刺李琴酒呈現深紅色。

口味和香氣
該款琴酒帶有花香，散發出淡淡的杜松子和
藥草植物的香氣，口味均衡，帶有恰好的果
香，伯爵茶的香調令人著迷。

搭配建議
純飲或搭配中性通寧水

MONKEY 47 SLOE GIN
猴子47
黑刺李琴酒

猴子47黑刺李琴酒是一款傳統的冬季琴酒，由克里斯多夫·凱勒（Christoph Keller）為黑森林蒸餾廠的亞歷山大·史坦（Alexander Stein）蒸餾而成。

搭配建議
純飲或搭配中性通寧水

黑森林酒廠製酒師

口味和香氣
非常清爽帶著果香，帶有杜松子和杏仁味，這是一款非常上等的黑刺李琴酒，以47種藥草植物小批量蒸餾，再加入黑森林地區手工採摘的野生黑刺李莓果。

CAUTION
WILD ANIMAL

英 國

PLYMOUTH SLOE GIN
普利茅斯
黑刺李琴酒

普利茅斯黑刺李琴酒基於1883年的配方，是典型的英式利口酒，此款琴酒是使用了普利茅斯琴酒的產物，普利茅斯琴酒能夠獲得最多黑刺李萃取物。當中使用的黑刺李多為達特穆爾（Dartmoor）的野生莓果，離普利茅斯不遠。

口味和香氣
普利茅斯黑刺李琴酒呈現飽滿的紅色，這是因為使用了濃烈的普利茅斯琴酒和柔軟的達特穆爾水浸泡黑刺李，最終的產品是順口的利口酒風味，在甜味和苦味之間保持了良好的平衡，並佐以果核帶來的淡淡杏仁味。

 www.booking.plymouthgin.com

搭配建議
純飲或搭配中性通寧水

黑刺李（莓果）琴酒

英　國

SIPSMITH SLOE GIN
希普史密斯
黑刺李琴酒

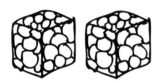

冬李琴酒

希普史密斯黑刺李琴酒以新鮮採摘後冷凍的黑刺李莓果浸軟製成，成果無與倫比：絲滑順口，帶有黑醋栗、成熟冬季水果和主角黑刺李的風味。希普史密斯黑刺李琴酒僅在冬季販售。

口味和香氣
香氣帶有莓果及冬季水果和杏仁的味道，口感上濃郁的黑醋栗中帶有淡淡的櫻桃味。這款愜意的琴酒帶有莓果和糖份帶來的均衡甜度，尾韻如天鵝絨般柔軟順滑。

搭配建議
純飲或搭配中性通寧水

SIPSMITH®
independent spirits

LIMITED EDITION SERIES

Sloe Gin 2011

Hand crafted by master distiller:

50cl   29%vol

水果 / 夏日杯琴酒

與中性通寧水或品質優良的檸檬水
（例如芬味樹檸檬水）搭配使用

　　水果杯或夏日杯是一種傳統的英式酒飲，專門用於
與軟性飲料或調酒用飲品混合成長飲（long drink）。多數
水果杯都是以琴酒為基酒開發，但也有以伏特加為基底
的水果杯。由於本書是關於琴通寧，我們在此專注於以
琴酒為基底的品項。

　　以琴酒為基酒的品項，以各種藥草、香料、水果和
藥草植物調味。顧名思義，水果杯或夏日杯在夏季最受
歡迎，製造商建議在水果杯上裝飾各種水果、蔬菜和藥
草植物，例如：蘋果、柳橙、草莓、檸檬、萊姆、小黃
瓜、薄荷、琉璃苣等，當然可以恣意揮灑你的創造力。

CHASE SUMMER FRUIT CUP
翠絲夏日
水果杯琴酒

翠絲夏日水果杯以翠絲伏特加為基底，首先加熱琴酒蒸餾器中的伏特加，使其通過蒸餾籃並與17種藥草植物混合，然後將蒸餾液與來自蓄水層（岩石層中含的地下水）的天然純淨水組合，該水源在蒸餾廠的蘋果園下流動。然後，將精心挑選的接骨木花、在地種植的覆盆子和黑醋栗按不同比例添加到琴酒中。

口味和香氣
帶有伯爵茶、迷迭香和百里香的香氣，其後是覆盆子、接骨木花和薰衣草的花香，嘗起來有成熟多汁的黑醋栗和覆盆子味。背景中浮現八角和薑的香調，此款水果杯在餘韻中再次以迷迭香和百里香的風味為你帶來驚喜，以檸檬完美作收。

搭配建議
中性通寧水或優質檸檬水

其他琴酒產品
- 翠絲特乾型琴酒（Chase Extra Dry Gin）/ 酒精濃度40% / 特乾型琴酒
- 翠絲朱尼佩洛伏特加琴酒（Chase Junipero Vodka）/ 單一藥草植物琴酒
- 翠絲優雅清新琴酒（Chase Elegant Crisp）/ 酒精濃度48% / 經典琴酒
- 翠絲塞維亞柳橙琴酒（Chase Seville Orange Gin）/ 酒精濃度40% / 柑橘調琴酒

SIPSMITH SUMMER CUP
希普史密斯
夏日杯琴酒

TEA
伯爵茶

搭配建議
中性通寧水或優質檸檬水

該水果杯以希普史密斯倫敦干型琴酒為基底，與一系列精心挑選的夏季成分融合在一起，包括浸漬伯爵茶、檸檬馬鞭草和小黃瓜，此款夏日杯芬芳但出人意表地不甜，非常適合添加水果和檸檬水。

口味和香氣
香氣撲鼻，讓人聯想到新鮮柳橙和小黃瓜，還有淡淡的茶香。杜松子和柑橘味明顯，藥草與些許櫻桃味使其更為飽滿。餘韻很複雜，但仍舊令人清新。

季節性琴酒

　　季節性琴酒的字面意思是：針對特定夏季或冬季推出的限量版琴酒。

　　該類琴酒的風味是如此多樣，以至於在搭配通寧水時，每款都必須單獨評估。

BEEFEATER®

LONDON DRY GIN

LONDON MARKET

Limited Edition

A VIBRANT GIN WITH
**POMEGRANATE, CARDAMOM
& KAFFIR LIME LEAF**

英　國

40 %

BEEFEATER LONDON MARKET LIMITED EDITION
英人倫敦市場限量版琴酒 *

搭配建議
中性通寧水

英人・德斯蒙德・佩恩

此限量款琴酒於2011年推出,由英人琴酒的首席製酒師德斯蒙德・佩恩開發。倫敦市場琴酒以原版的英人琴酒為基底,但額外添加了藥草植物成分,例如石榴、泰國青檸葉和小豆蔻。

口味和香氣
帶有紅醋栗、香草和萊姆的香氣,經典杜松子、柑橘和幽微的香料味也很明顯,杜松和苦橙平衡了萊姆和橙皮的味道。石榴的氣味在味覺上比嗅覺上微妙許多,而小豆蔻和斟酌加入的香料則增添了風味。餘韻是柑橘味,帶有藥草植物的苦味,還有甘草和胡椒香料的味道。

*　編註:已停產。

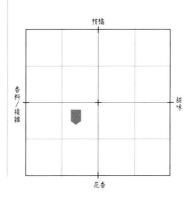

比利時

46%

FILLIERS TANGERINE SEASONAL EDITION
菲利埃斯橘子季節版琴酒 *

2013年夏季，首席製酒師佩德羅・塞茲・德・布爾戈（Pedro Saez Del Burgo）製作了這款特殊的季節性版本琴酒，其中添加了一種不尋常的成分：橘子（佩德羅最喜歡的水果）。

佩德羅從西班牙瓦倫西亞挑選優質的橘子，這些橘子是在11月至1月間採收，在比利時寒冷的冬季月份，將橘子運送到第五代菲利埃斯蒸餾廠。菲利埃斯橘子季節版琴酒從5月開始販售，直到2013年庫存銷售一空。

口味和香氣
菲利埃斯橘子季節版琴酒是用於雞尾酒或長飲的理想基酒，帶有柔和的果味，以及新鮮柳橙和橘子的清新特色，並融合多種藥草植物。杜松子味明顯存在，充滿小豆蔻帶來的飽滿又溫暖的風味。芫荽和胡椒味讓此款琴酒令人驚訝地辛香，比利時啤酒花則帶來一絲苦澀。此款菲利埃斯橘子季節版琴酒為你的酒杯帶來西班牙風情，抹上一股酷暑之夜的氣息。

搭配建議
芳香通寧水

* 編註：已停產。

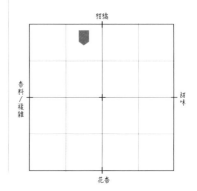

SMALL BATCH   HANDCRAFTED

EST. 1880

Filliers
Gin 28

PLYMOUTH GIN

TRADE MARK

57% IS THE BENCHMARK STRENGTH AT
WHICH A SPIRIT IGNITES GUNPOWDER.
FOR ALMOST 200 YEARS, THE NAVY
NEVER LEFT PORT WITHOUT IT.

57% Vol.   BATCH DISTILLED IN THE ORIGINAL   70cl e
           VICTORIAN COPPER STILL

NAVY STRENGTH

COATES & C°

BLACK FRIARS
DISTILLERY

海軍強度琴酒

搭配中性通寧水，

輕鬆自如！

海軍強度琴酒是以57%酒精濃度裝瓶的琴酒。海軍強度琴酒源於「合格濃度烈酒」（proof spirits，字面上意義為經檢驗過的烈酒）。標準酒精濃度一詞始於英國水手會獲得蘭姆酒的18世紀，為確保蘭姆酒的品質，會先加入火藥，再點燃混合物，如果沒有起火，表示蘭姆酒中含有過多水份，因此會被標記為「不合格」。

海軍強度琴酒的酒精濃度比原始版本琴酒更高，證明了它們在調和當今雞尾酒中的身價，因此，請留意加入你「嗆辣版」琴通寧中的琴酒量。

HERNÖ NAVY STRENGTH
赫爾諾
海軍強度琴酒

加點水

赫爾諾海軍強度琴酒的製造方法，與赫爾諾瑞典傑作琴酒相同，唯一的區別是含水量。原始版本的赫爾諾琴酒酒精濃度稀釋到40.5%，海軍強度琴酒的版本酒精濃度則稀釋到57%，味道和感覺上的差異非常明顯：由於酒精含量高，藥草植物的特性更加突出。

搭配建議
中性通寧水

口味和香氣
小茴香、芫荽、乾松木、蜂蠟和柑橘的香氣完美平衡，也帶有一股淡淡的花香。

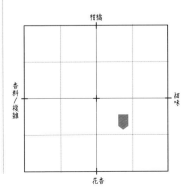

57 %

PLYMOUTH NAVY STRENGTH
普利茅斯
海軍強度琴酒

近兩世紀以來,英國皇家海軍從未在沒有半瓶普利茅斯海軍強度琴酒的情況下離港,普利茅斯海軍強度琴酒的製作方法與經典普利茅斯琴酒相同,都是將藥草植物在銅製壺式蒸餾器和中性穀物酒精中蒸餾而成,唯一不同的是,海軍強度琴酒裝瓶的酒精濃度為57%。

口味和香氣

對某些人來說,普利茅斯海軍強度琴酒是一款終極琴酒,具有豐富但平衡美妙的味道,可將馬丁尼或琴通寧提升至更高水準,非常符合當今更具冒險精神的酒徒和調酒師的需求。高酒精濃度增強了藥草植物的風味和香氣,但保持了普利茅斯琴酒著名的柔順平衡特性。

搭配建議
中性通寧水

提供海軍強度琴酒的其他可購得品牌有:
英國皮姆利科(Pimlico)、美國利歐波德海
軍(Leopolds Navy)、美國FEW標準版(FEW
Standard Issue)、英國海曼皇家碼頭(Perry's
Tot)、美國佩里托特(Perry's Tot)和英國浴缸海
軍力量琴酒(Bathtub Gin Navy Strength)。

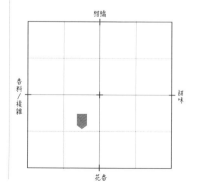

製酒師嚴選版琴酒
搭配中性通寧水
或純飲

　　製酒師嚴選版琴酒是標準版琴酒的獨特版本；從而使首席製酒師創造出「無拘無束」的版本。

　　由於風味強烈，我們建議你純飲，但是如果你確實真的想調和這些琴酒，我們建議選擇中性通寧水。

德　國

BLACK GIN DISTILLER'S CUT
黑色製酒師
嚴選版琴酒

一如它的兄弟款琴酒，黑色製酒師嚴選版琴酒由甘諾瑟爾蒸餾廠生產，內含不少於十九個國家的74種藥草植物。由於酒精濃度增高，此版本特別辛辣。

口味和香氣

這款酒內容物並不遜於酒瓶的神祕設計，各式香氣的組合立刻撲鼻而來，口感上，各式各樣的成分相互配合，餘韻具香料感，有時被認為有藥味。

搭配建議

純飲或中性通寧水

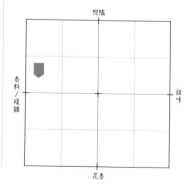

47
%

MONKEY 47 DISTILLER'S CUT
猴子47
製酒師嚴選版琴酒

搭配建議
純飲或中性通寧水

猴子47琴酒的特殊限量版比起標準版本更複雜，風味也更豐富，製酒師嚴選版在陶桶中陳放的時間更長，從而使風味變得更加精緻。此版本的猴子47琴酒是首席製酒師克里斯多夫‧凱勒的個人創作，這款複雜的琴酒經過三次蒸餾，未經冷凝過濾，每年產量僅2,500瓶。

口味和香氣
誘人而複雜的香氣，具有倫敦干型琴酒的典型特徵：杜松子和胡椒味。此款製酒師嚴選版琴酒無論在嗅覺上或味覺上的風味都清新鮮活，帶有果香。漫長的熟成過程確保了所有部分呈現良好平衡，是一款極其複雜且飽滿的琴酒。

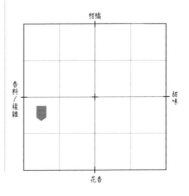

48.8%

SPRING GIN GENTLEMAN'S CUT
春天紳士
嚴選版琴酒

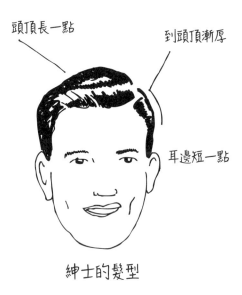

頭頂長一點

到頭頂漸厚

耳邊短一點

紳士的髮型

春天紳士嚴選版琴酒是王冠上的一顆寶石，成分與經典版本相同，但錦上添花。春天琴酒由安特衛普 SIPS 雞尾酒吧的老闆曼紐・華特斯（Manuel Wouters）推出。

口味和香氣
琴酒味道極為潔淨，保證了柑橘風味的鮮活感，比原始版本的口感更為豐富。口味非常細膩，帶有八角和芫荽的味道。

搭配建議
純飲或中性通寧水

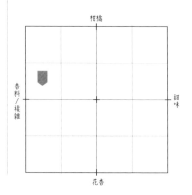

The

ORIGINAL

·BRAND·

SPRING
GIN

DRINKS NEVER TASTE THIN WITH SPRING GIN

A Handcrafted Limited Run
of 900 Bottles of which this is

No. 7 2 5

DISTILLED
IN
FLANDERS

48.8% Vol (97.6 Proof), ℮ 500ML

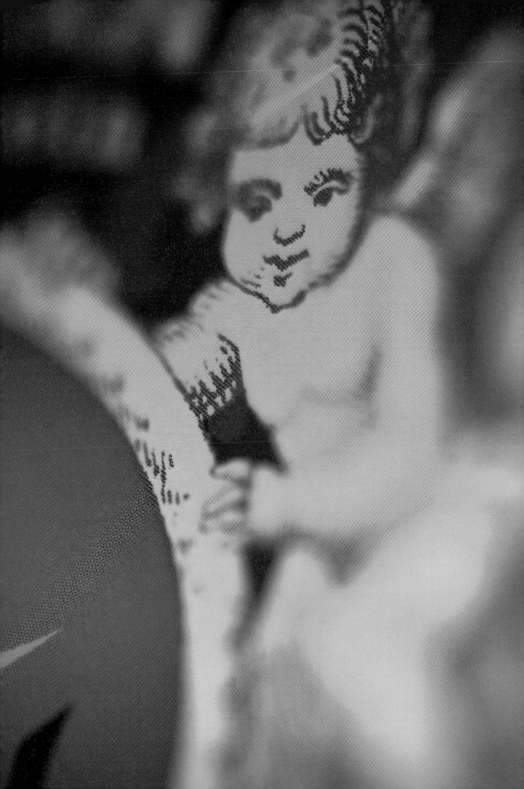

粉紅琴酒
搭配中性通寧水

　　粉紅琴酒源於19世紀在英國流行的雞尾酒，當時會在琴酒中加入幾滴安格仕苦精（angostura bitters）。安格仕苦精是希格（J. Siegert）醫生於1824年首次製出來的一種酒飲，可減輕疲勞和胃部不適症狀。安格仕苦精由四十多種熱帶藥草和植物萃取製成，帶有香料味。安格仕這個名字源於委內瑞拉的港口小鎮玻利瓦爾城（Ciudad Bolívar），該地從前稱作安格仕。

47%

EDGERTON PINK GIN
艾傑頓
粉紅琴酒

搭配建議
中性通寧水

艾傑頓粉紅琴酒誘人的紅色色澤要拜石榴之賜，這是倫敦的第一款粉紅琴酒，這款極頂級琴酒在倫敦蒸餾，原料來自世界各地：杜松子、芫荽、歐白芷根、鳶尾根、甜橙皮、桂皮和肉豆蔻都一起浸漬了24小時。

口味和香氣
你注意到的第一件事是蒸餾後添加的甜石榴香，剛入口時，甜味幾乎立即消失，取而代之的是一股暖意擴張，有酸度但不太複雜，也許女士適飲？

德　國

LEBENSSTERN PINK GIN
生命之星粉紅琴酒

柏林

生命之星粉紅琴酒是專為柏林生命之星酒吧生產的高級琴酒，琴酒以「真的苦」（The Bitter Truth）苦精的新鮮芳香苦精加以調味。

口味和香氣
生命之星粉紅琴酒的風味濃郁而具辛香調，略帶甜味，複雜而強烈。

搭配建議
中性通寧水

其他琴酒產品
- 生命之星干型琴酒（Lebensstern Dry Gin）/ 酒精濃度43% / 辛香調琴酒

40%

THE BITTER TRUTH PINK GIN
真的苦粉紅琴酒

真的苦粉紅琴酒是傳統工藝琴酒和芳香苦精的美味混合體，設計為迎合現代口味，具有柔和宜人的口感及精緻複雜的風味。

口味和香氣
這種芳香琴酒的香氣以複雜的果香和花香為主，味道非常柔和，前味帶有杜松子的獨特風味，被甘草、葛縷子和小茴香的香料氣息所包圍。

搭配建議
芳香通寧水
（或中性通寧水）

RANSOM

Alambic Pot Distillation

Heart Cuts

Barrel Aged for 3 to 6 Months

Ingredients: malted two row barley, corn, juniper berries, orange peel, lemon peel, coriander seed, cardamon pods, & angelica root

Handcrafted from Naturally Farmed Grains and Botanicals

Batch No: 032   Bottle No: 0494

Alcohol 44% by Volume (88 Proof), 750mL

熟成琴酒
純　飲

　　這點可能令人驚訝，但確實有幾款陳年的琴酒，有些在桶中靜置一小段時間，而另一些則熟成數年，顏色和口味一樣多變而使人興奮。在此我們選出三款。

CITADELLE RÉSERVE GIN
絲塔朵典藏琴酒

44 %

源　起

如前所述，絲塔朵典藏琴酒是源自干邑地區的法國琴酒，使用19種不同類型的藥草植物和香料，並經過三次蒸餾。官宣原始版本的絲塔朵琴酒是倫敦干型琴酒，但在生產過程中進行了一些調整，過程中使用特別的小型蒸餾爐，並以「明火」加熱，這表示在過程中不會釋放出蒸氣。典藏琴酒僅以21桶批量生產，然後在利穆贊（Limousin）橡木桶中熟成兩年。

口味和香氣

此款琴酒的香氣輕盈優雅，非常誘人，略帶杜松子和檸檬的香氣，接續著利穆贊橡木桶的木質味。杜松子、橡木和柑橘的三重口味略帶甜味，接著是溫和但紮實的香料味，再加上淡淡的土壤味。

成　分

法國的杜松子⋯⋯⋯⋯⋯⋯⋯⋯⋯
摩洛哥芫荽⋯⋯⋯⋯⋯⋯⋯⋯⋯⋯
墨西哥的橙皮⋯⋯⋯⋯⋯⋯⋯⋯⋯
印度的小豆蔻⋯⋯⋯⋯⋯⋯⋯⋯⋯
中國的甘草⋯⋯⋯⋯⋯⋯⋯⋯⋯⋯
爪哇的尾胡椒⋯⋯⋯⋯⋯⋯⋯⋯⋯
法國香料⋯⋯⋯⋯⋯⋯⋯⋯⋯⋯⋯
地中海小茴香⋯⋯⋯⋯⋯⋯⋯⋯⋯
義大利鳶尾根⋯⋯⋯⋯⋯⋯⋯⋯⋯
斯里蘭卡的桂皮⋯⋯⋯⋯⋯⋯⋯⋯
法國紫羅蘭⋯⋯⋯⋯⋯⋯⋯⋯⋯⋯
西班牙的杏仁⋯⋯⋯⋯⋯⋯⋯⋯⋯
印度支那的肉桂⋯⋯⋯⋯⋯⋯⋯⋯
德國歐白芷根⋯⋯⋯⋯⋯⋯⋯⋯⋯
西非的天堂籽⋯⋯⋯⋯⋯⋯⋯⋯⋯
荷蘭孜然⋯⋯⋯⋯⋯⋯⋯⋯⋯⋯⋯
印度的肉豆蔻⋯⋯⋯⋯⋯⋯⋯⋯⋯
西班牙檸檬⋯⋯⋯⋯⋯⋯⋯⋯⋯⋯
法國的八角⋯⋯⋯⋯⋯⋯⋯⋯⋯⋯

搭配建議

勿搭配，純飲！

COLOMBIAN AGED GIN
哥倫比亞熟成琴酒

源 起

該款琴酒源自獨裁者蘭姆酒（Dictator Rum）的製造商，並在獨裁者蘭姆酒的桶中熟成6個月，此款琴酒經過五次蒸餾。

6個月

口味和香氣

酒色呈金黃，充滿木質調、香草、香料和果乾的風味。

成 分

杜松子⋯⋯⋯⋯⋯⋯⋯⋯⋯⋯⋯
莓果⋯⋯⋯⋯⋯⋯⋯⋯⋯⋯⋯⋯⋯
香料⋯⋯⋯⋯⋯⋯⋯⋯⋯⋯⋯⋯⋯
藥草植物⋯⋯⋯⋯⋯⋯⋯⋯⋯⋯⋯
熱帶柑橘皮⋯⋯⋯⋯⋯⋯⋯⋯⋯⋯
其他成分

搭配建議

勿搭配，純飲！

其他琴酒產品

- 哥倫比亞「正統」白琴酒（Colombian White Gin 'Orthodoxy'）／酒精濃度43%

COLOMBIA

Aged Gin

———— ⊙ ————

AGED IN RUM BARRELS BY
DICTADOR.

44%

RANSOM OLD TOM GIN
雷森老湯姆琴酒

源　起

雷森老湯姆琴酒由美國俄勒岡州的雷森葡萄酒公司*生產，藥房風格的酒瓶讓人聯想到西部拓荒時代、牛仔和印第安人。此款老湯姆琴酒是兩種蒸餾液的混合物，混合在一起就可以製成一批，然後再次蒸餾這批酒。其中一種蒸餾液由麥芽漿（類似威士忌）組成，另一種蒸餾液是中性穀物蒸餾液，當中添加了藥草植物，然後將混合液在清空的俄勒岡黑皮諾（Pinot Noir）大桶中靜置6個月，熟成過程使琴酒帶有漂亮的稻草色，使其輕柔而富有特色。雷森老湯姆琴酒絕對獨一無二。

Batch No: 001
Bottle No: 0001

口味和香氣

嗅覺的香氣上聞起來是輕柔威士忌或強力琴酒，微妙的口感是由於使用了麥芽基底，再加入玉米酒精。你還可以品嘗到薄荷、多香果、小豆蔻和一點杜松子的味道。

成　分

杜松子‥‥‥‥‥‥‥‥‥‥
柳橙‥‥‥‥‥‥‥‥‥‥
檸檬‥‥‥‥‥‥‥‥‥‥
芫荽‥‥‥‥‥‥‥‥‥‥
小豆蔻‥‥‥‥‥‥‥‥‥‥
歐白芷根‥‥‥‥‥‥‥‥‥‥

搭配建議

勿搭配，純飲！

---

* 審訂註：現更名為雷森葡萄酒公司與蒸餾廠 (Ransom Wine Co. & Distillery)。

西洋李琴酒

搭配中性通寧水

或純飲

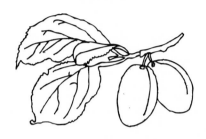

　　實際上，西洋李琴酒是一種利口酒，無論在構想還是生產方式上都與黑刺李琴酒有很強的相似性。在這種情況下，是讓全部的西洋李在糖中浸漬至少8週，形成糖漿。西洋李琴酒在英國特別受歡迎，通常是在聖誕節前後在家自製然後飲用。

精選19款非凡琴酒

　　琴酒的歷史跨越好幾個世紀，但最瘋狂的演變只在最近幾年才發生，這就是為什麼我們選出的非凡琴酒，只是反映出我們自身詮釋這種演變的方式，並非意圖貶低任何其他品牌，而是對所有琴酒生產商表示敬意。你若對我們的選擇感到憤怒、狂喜或驚訝都無所謂，或者這是作為最終的致敬 —— 也許你會決定實地尋找、品嘗或收集這些琴酒，這完全取決於你！

　　在此同時，每一款琴酒，你都能找到我們所提出搭配和裝飾琴通寧的建議。

單一產區琴酒
基本的代表

　　單一產區琴酒無法再更基本了：只透過杜松子和當地水源來區別彼此間的差異。想要瞭解最純淨形式的琴酒，也許有必要花點時間深入研究琴酒的基本成分：杜松子。基本但很重要的杜松子不僅是關鍵成分，也是最重要的藥草植物成分，但實際上它是一項法律要求，杜松子的香氣和味道至少應該是每款琴酒的標誌，無論是在嗅覺上還是味覺上，甚至琴酒本身的名稱也來自杜松

子。因此，請允許我們向杜松子致敬，因為沒有它，琴酒甚至不會存在。

杜松是一種小型常綠喬木或灌木，可以長到高達9公尺，漿果需要大約兩年的時間才能成熟，大約有60種不同的品種，生長在北半球的大多數國家，甚至可以發現它們生長在海拔3,500公尺的高度。如果杜松子是葡萄，製酒師肯定會為之歡欣鼓舞，因為眾所周知，土壤、氣候和生長條件都會對葡萄產生影響。「風土」（terroir）一詞用來表稱葡萄園，並且是優質葡萄酒的首要特徵；按照這種邏輯，杜松的產地在判斷琴酒優劣時也很重要。

有趣的是，杜松樹是雌雄異株，這代表有雄株也有雌株，單株植物只能產生雄性或雌性漿果，而你絕不可能在一棵樹上同時找到雄性和雌性漿果。

可以肯定地說，杜松的用途非常廣泛：從沐浴油到調味香料，從香料到治療各種疾病的天然藥材，埃及人、羅馬人、希臘人都各自將杜松用作各種用途。杜松樹的木材雖沒有像漿果那樣受到廣泛的利用，但主要用途是木材燃燒時散發出的煙和香氣。

杜松子本身的香氣也使我們對口味的感知產生很大影響，並且香氣會因地區而異，這使我們回到風土這件事，因此 —— 就像葡萄酒、咖啡和巧克力 —— 也有單一產區琴酒，每款都有自己的口味和特色，我們將在下文描述其中4款，但是由於琴酒的超凡人氣，已經可以買到幾款單一產區琴酒，並且在此非常時刻，極有可能生產出更多單一產區琴酒。

義大利

ORIGIN AREZZO LONDON DRY GIN
阿雷佐單一產區倫敦干型琴酒

此種義大利杜松子散發出一種軟松針的清新香氣，帶有奶油般的氣息和淡淡的柑橘味。當將其他藥草植物添加到蒸餾液中，這些成分會結合在一起形成圓潤的琴酒口感：一種溫暖，略帶香料感的餘味。

搭配建議

芬味樹通寧水和杜松子

荷　蘭

ORIGIN MEPPEL LONDON DRY GIN
梅普單一產區倫敦干型琴酒

源自荷蘭的杜松子幾乎都帶有木質土壤味，有煙草的香氣，比義大利杜松子的餘韻稍微悠長。帶有奶油香但有一絲甜味，餘韻比義大利的杜松子蒸餾液更加複雜。

搭配建議

芬味樹通寧水和杜松子

阿爾巴尼亞

ORIGIN VALBONE LONDON DRY GIN
瓦爾博納單一產區倫敦干型琴酒

產自阿爾巴尼亞的杜松子是一項特例，清楚展示了杜松子的產地如何決定口味。紅色水果、可可、不甜，添加其他藥草植物後，蒸餾液保持原本的特色，但是隨後會產生活潑的甜味。

搭配建議

芬味樹通寧水和杜松子

保加利亞

ORIGIN VELIKI PRESLAV LONDON DRY GIN
大普雷斯拉夫單一產區倫敦干型琴酒

杜松子獨特的風味是主角，即使添加了其他藥草植物也是如此，嗅覺上和味覺上都有強烈的酒精感。

搭配建議

芬味樹通寧水和杜松子

7 Dials

LONDON DRY GIN

GIN, HAPPY PRODUCT OF OUR CITY, CAN SINEWY STR...
AND WEARIED WITH FATIGUE AND TOIL, CAN CHEER...
SHORT LABOUR AND ART UPHELD BY THEE, WE O...
...CE WITH GLEE, GENIUS LIQUID, THY FINEST TASTE WIT...
...INE, AND WARMS EACH ENGLISH BREAST WITH GE...

英 國

46%

7 DIALS GIN
七面鐘琴酒

聚落的代表

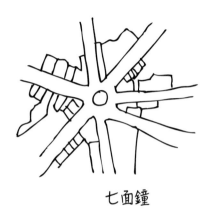

七面鐘

源 起

此款倫敦干型琴酒以倫敦聖吉爾斯區（St. Giles）著名的十字路口命名，七面鐘位於聖吉爾斯和蘇活區之間。1600 年代後期鋪設了七條街道，匯聚成一顆星形。在 1700 年代，該地區是數十家琴酒銷售舖的基地。七面鐘琴酒由倫敦琴酒俱樂部（London Gin Club）這家酒吧生產，使用了 7 種藥草植物。

口味和香氣

嗅覺上帶有新鮮的松木和淡淡的花香，味道始於香料和大量的小豆蔻，延伸出杜松子和芫荽味。

成 分

杜松子 ······························
芫荽 ································
歐白芷根 ·····························
藥蜀葵根 ·····························
克萊蒙橙皮 ···························
小豆蔻 ·····························
杏仁 ·······························

搭配建議

舒味思頂級原味通寧水和檸檬皮、萊姆皮屑

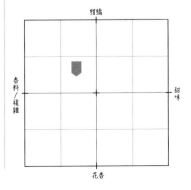

43.3 %

BATHTUB GIN
浴缸琴酒

神話的代表

實驗室

源 起

由謎一般的科尼利厄思・艾姆培爾福斯
（Cornelius Ampleforth）教授所釀的一款不尋
常琴酒，在獲得教授頭銜前不久，科尼利厄
思這位瘋狂的發明家夢想著建立一座大實驗
室，裡頭充滿草本烈酒、冒泡燒杯和裝有數
英里內珍奇異草的玻璃瓶。隨著他臭名昭著
的浴缸琴酒推出，他的夢想在2011年底實現
了。該款酒的名字是人們對1920年代禁酒令
期間喜愛在浴缸自釀琴酒致敬，每批僅生產
30-60瓶的少量琴酒。琴酒的牛皮紙包裝使飲
酒者穿越回到維多利亞時代化學家的時空。

口味和香氣

最初在在嗅覺上充滿杜松子的香氣，並輔以
濃郁的穀物酒精味，小豆蔻和橙花的香氣，
以及肉桂的味道填補了風味。味覺的重點是
杜松子，但帶有土壤味的草本香料刺激著味
蕾。口感像糖漿，餘韻的杜松子讓位給小豆
蔻和肉桂的香氣。

其他琴酒產品

· 海軍強度琴酒（Bathtub Navy Strength
  Gin）/ 酒精濃度57.7% / 高強度琴酒
· 桶陳琴酒（Bathtub Cask-Aged Gin）/ 酒精
  濃度43.3% / 熟成琴酒

· 老湯姆琴酒（Bathtub
  Old Tom Gin）/ 酒精濃度
  42.4% / 復古甜琴酒

成 分

杜松子 ⋯⋯⋯⋯⋯⋯⋯⋯⋯
橙皮 ⋯⋯⋯⋯⋯⋯⋯⋯⋯⋯
芫荽 ⋯⋯⋯⋯⋯⋯⋯⋯⋯⋯
肉桂 ⋯⋯⋯⋯⋯⋯⋯⋯⋯⋯
小豆蔻 ⋯⋯⋯⋯⋯⋯⋯⋯⋯
丁香 ⋯⋯⋯⋯⋯⋯⋯⋯⋯⋯

搭配建議

舒味思頂級原味通寧水和肉
桂棒

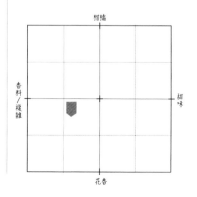

Professor Cornelius Ampleforth's

athtub

西班牙

40 %

BCN GIN
BCN 琴酒

製酒師的代表

BCN琴酒產於普里奧拉（Priorat）的神奇山脈，此地區因其頁岩土壤和充足的陽光而生產出複雜又強勁的葡萄酒而聞名。為了在惡劣的土壤環境和非常乾燥的氣候中生存，這裡的葡萄必須產出自己的最佳狀態。該款琴酒的獨特風味歸因於手工蒸餾，由荷斯坦蒸餾器（Arnold Holstein）中舉世聞名的西班牙普里奧拉葡萄酒的酒渣產生。生產者只使用來自小農莊泉的天然泉水，該泉水深植於普里奧拉紅板岩，成分和整個生產過程都是百分之百天然。製酒師從普里奧拉山區的藥草植物中萃取出精華，然後將之與南加泰隆尼亞的檸檬外皮組合在一起。使用當地的卡利濃（Carinyena）和格那希（Garnatxa）葡萄蒸餾，以獲得生產BCN琴酒的基礎酒精，透過時間、精力、工藝、尊重和精心挑選原料而獲得這獨特的結果。BCN琴酒在巴塞隆納附近的雷烏斯（Reus）美麗的山丘中蒸餾而成。

BCN琴酒將山與海、自然與城市、傳統與現代聯繫在一起，酒瓶上還有巴塞隆納傳統瓷磚圖案。1916年，埃斯科菲特耶拉公司（Escofet Tejera & Co）的設計被巴塞隆納議會選定，用於鋪設城市裡的人行道，從此，任何在巴塞隆納街頭漫步的人都會立即認出這經典的瓷磚圖案。

琴通寧雞尾酒完美調配全書　　**302**

成　分

杜松子 ....

葡萄 ....

迷迭香 ....

小茴香 ....

松枒 ....

檸檬外皮 ....

無花果 ....

口味和香氣

濃郁的芬芳香氣帶有背景中無花果和柑橘的芬芳；這是一款強勁的琴酒，回味悠長。

搭配建議

芬味樹通寧水，兩瓣黑葡萄，萊姆皮屑和一小根迷迭香

45%

BLACK GIN
黑色琴酒

複雜的代表

墨水

源 起

黑色琴酒由甘諾瑟爾蒸餾廠生產，是市面上最複雜的琴酒，有來自19個不同國家（例如：德國、義大利、西班牙、印度、馬達加斯加和羅馬尼亞）的74種藥草植物，在這74種藥草植物中，有68種是在呈墨黑色的浸漬物中蒸餾而成，該款琴酒因此得名。這絕對是一款獨特不凡的琴酒，發行量有限。

成 分

杜松子 ···

檸檬皮 ···

橙皮 ···

薑 ···

芫荽 ···

月桂 ···

以及其他68種植物成分，我們只能猜測

搭配建議

原創頂級經典通寧水和萊姆皮屑

其他琴酒產品

- 黑色製酒師嚴選版琴酒（Black Gin Distiller's Cut）／酒精濃度60%／辛香調琴酒
- 黑色1905年特別版琴酒（Black Gin Edition 1905）／酒精濃度45%／冬季風味琴酒

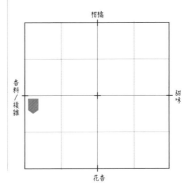

柑橘

香料／複雜

甜味

花香

40
%

BOMBAY SAPPHIRE
龐貝藍鑽頂級琴酒

革命性的代表

源　起

龐貝藍鑽頂級琴酒是一款淡倫敦干型琴酒，在1987年從塵封已久的倫敦琴酒界問世。該配方現在由百加得公司發行，自1761年以來一直由龐貝烈酒公司（Bombay Spirits Company）使用，用了10種不同的藥草植物。該款酒的核心具有革命性，也可能是當代如此熱衷於琴酒的原因之一，時尚的外觀和形象將琴酒推上大雅之堂，完美吸引了伏特加的飲用者，誘使他們進入琴酒的世界。相較於其他更經典的款式，杜松子在這款芳香琴酒中的存在感較低，使用卡特頭（Carter head）蒸餾器的分別蒸餾，藥草植物和香料是放在壺頸部的蒸餾籃中蒸餾，使風味被酒精蒸氣輕柔地吸收。歸功於這種方式，口感細膩又輕盈，深受伏特加飲用者讚賞。在夜店中仍然很受歡迎，而且肯定會一直保持下去。

口味和香氣

帶有杜松子和柑橘的香氣，胡椒和香料的香氣也很明顯。琴酒的口感細膩，略帶果香，隨著琴酒入口的時間愈長，各種藥草植物和香料就緩慢散發開來，餘韻不長。

搭配建議

芬味樹通寧水、萊姆皮屑和杏仁片

成　分

義大利杜松子 ……………………
鳶尾根 ……………………………
西班牙杏仁 ………………………
西班牙萊姆 ………………………
西非天堂籽 ………………………
摩洛哥芫荽 ………………………
中國甘草 …………………………
桂皮 ………………………………
薩克森州歐白芷根 ………………
爪哇尾胡椒 ………………………

其他琴酒產品

- 龐貝干型琴酒（Bombay Dry）/ 40% / 經典琴酒
- 龐貝藍鑽東方琴酒（Bombay Sapphire East）/ 42% / 香料琴酒
- 龐貝藍鑽之星琴酒（Bombay Sapphire Star of Bombay）/ 47.5% / 柔順

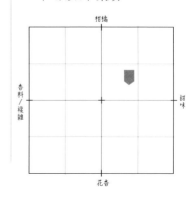

WASHINGTON ISLAND
WISCONSIN

· EST. ·

DEATH'S DOOR

2005

MADE WITH ORGANIC HARD RED WINTER
WHEAT FROM WASHINGTON ISLAND, WI.
SIMPLE ◇ LOCAL ◇ EXCEPTIONAL

Crafted with wild juniper berries
& VARIOUS ORGANIC BOTANICALS

·· GIN ··

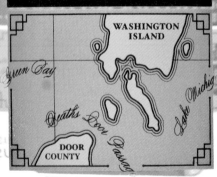

70CL • 47% ALC. BY VOL.

美 國

47.3 %

DEATH'S DOOR GIN
死亡之門琴酒

簡約的代表

源 起

威斯康辛州的華盛頓島（Washington Island）是死亡之門琴酒的核心，此款酒名的靈感來自華盛頓島和多爾半島（Door County Peninsula）間臭名昭著的水路「死亡之門」。死亡之門烈酒公司（Death's Door Spirits）與當地農民合作，他們的農產品品質極佳。該酒廠由布萊恩·埃里森（Brian Ellison）於2005年創立，此款琴酒是美麗簡約的完美典範，令人驚訝的是，死亡之門琴酒能夠僅從3種植物杜松子、芫荽和小茴香籽中萃取出如此豐富的風味。從島上採摘的杜松子與其他成分都是在威斯康辛州精心挑選。所使用的穀物酒精以小麥為基底，並且是在島上種植的：島上經過35年沒有農業生產，湯姆和肯·科恩（Tom and Ken Koyen）兄弟於2005年開始再次種植小麥，我們認為這是一個明智的決定。

口味和香氣

死亡之門琴酒的特色是香料的味道和香氣，杜松子占了上風，但同時又帶有溫暖帶胡椒味的深度。

成 分

杜松子 ....
芫荽 ....
小茴香籽 ....

搭配建議

阿邦迪奧復古通寧水和一塊棉花糖

布萊恩·埃里森

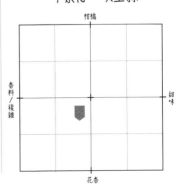

40%

GILT SINGLE MALT SCOTTISH GIN
金色單一麥芽蘇格蘭琴酒

威士忌基底的代表

源 起

金色單一麥芽蘇格蘭琴酒是由蘇格蘭一家小型蒸餾廠瓦特伏特加公司＊（Valt Vodka Company Limited）以百分之百麥芽原料和斯佩河（Spey）的水源製成。此款琴酒以單一麥芽的烈酒為基底，使用大麥芽經五次蒸餾，這一點也是它與威士忌的聯繫，與用於製作華特伏特加的麥芽相同。一如許多其他琴酒，金色單一麥芽蘇格蘭琴酒的故事始於一家酒吧，當年有兩位朋友提出用蘇格蘭泉水製作第一款蘇格蘭伏特加的想法；一款如此精美又純淨的伏特加，需要全新的蒸餾工藝：五步驟微蒸餾技術。金色琴酒是以相同的價值觀、熱情及對專業的愛製造出來的，它是一款倫敦干型琴酒，但是麥芽蒸餾液使它有些不同。

口味和香氣

香味就像是一片芳香的草地和一絲八角的香氣，杜松子味剛入口非常突出，但隨後禮讓給焦糖的甜味。餘韻帶有茴香、芫荽和鳶尾根的香氣。

＊ 審訂註：現名斯特拉思萊文蒸餾者公司（Strathleven Distillers Company）。

成 分

杜松子……………………
芫荽………………………
小豆蔻……………………
檸檬………………………
桂皮………………………
甘草………………………
柳橙………………………
鳶尾根……………………
歐白芷根…………………

搭配建議

芬味樹通寧水和一塊八角或一些小豆蔻

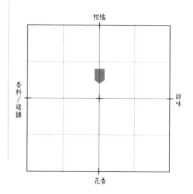

41.4%

HENDRICK'S GIN
亨利爵士琴酒

行銷的代表

源　起

亨利爵士琴酒很受歡迎，非常受歡迎，他們琴酒界的蒙提・派森（Monty Python）自稱：充滿幽默和樂趣。亨利爵士琴酒是一款在風味上帶有不尋常轉折的極頂級琴酒，在蘇格蘭的艾爾郡（Ayrshire）進行蒸餾，擁有數百年的蒸餾專業技術，以及從當地潘萬波溪（Penwhapple Burn）取得的蘇格蘭軟水。亨利爵士琴酒採用11種藥草植物成分製成，包括比利時和荷蘭小黃瓜，以及保加利亞玫瑰。實際上，小黃瓜和玫瑰花瓣的香氣是後續添加浸漬的。新的藥材商風格酒瓶和創新的小黃瓜配方開創了先河，並在2000年推出時大力促進整個琴酒產業。琴酒由兩種不同的蒸餾器製成：一種是卡特頭蒸餾器，另一種是班奈特（Bennet）銅製蒸餾器，如此可以將兩種不同的烈酒混在一起：一種是柔和的柑橘味，另一種則充滿個性，使亨利爵士琴酒清爽帶有花香。亨利爵士琴酒採用傳統方法精製，可以對蒸餾過程進行微調。2003年，《華爾街日報》評為世界最佳琴酒。

口味和香氣

此款清爽的琴酒帶有強烈的個性、微妙的風味和令人愉悅的香氣，這是由於荷蘭小黃瓜和保加利亞玫瑰花瓣的精華所致。

成　分

杜松子……………
洋甘菊……………
葛縷子籽……………
接骨木花……………
繡線菊（一種北美花卉）……
橙皮……………
芫荽……………
鳶尾根……………
歐白芷根……………
檸檬皮……………
尾胡椒（一種胡椒）……………

搭配建議

梵提曼通寧水和小黃瓜

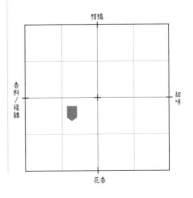

英 國

48%

HOXTON GIN
霍克斯頓琴酒

極致的代表

酒保薩爾瓦托雷‧卡拉布雷斯

成 分

杜松子……………………………………

椰子………………………………………

葡萄柚……………………………………

鳶尾根……………………………………

龍蒿………………………………………

薑…………………………………………

搭配建議

雞尾酒男印度通寧水和一片椰子

源 起

此款琴酒是由著名的酒保薩爾瓦托雷‧卡拉布雷瑟（Salvatore Calabrese）的兒子在霍克斯頓（Hoxton）—— 倫敦的創意中心 ——研發的，因此可謂獨一無二。琴酒是使用從法國夏季小麥蒸餾的酒精和多種天然成分製成，先將藥草植物浸漬5天，然後在具有150年歷史的銅壺蒸餾器中蒸餾，完成後，霍克斯頓琴酒會在鋼製桶槽中靜置兩個月。這是一款真正驚為天人的琴酒，帶有椰子和葡萄柚的味道。純粹主義者關於這款琴酒是否能夠歸類為琴酒，存在著很多討論。品嘗看看，然後自行決定吧。

口味和香氣

椰子和葡萄柚在香氣占主導地位，儘管薑、杜松子和龍蒿在背景中也很明顯。口味上也以椰子和葡萄柚為主，杜松子扮演配角。

HOXTON
GIN

WARNING!
GRAPEFRUIT
AND
COCONUT

-ish

LONDON DRY GIN

Irresistible Scandalous Hallmar...

MADE BY THE POSHMAKERS

*with an extra shot of
Juniper*

ISH GIN

伊什琴酒

不甜的代表

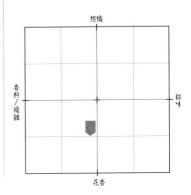

ISH

IRRESISTIBLE
SCANDALOUS
HALLMARK

源　起

此款頂級琴酒的縮寫ISH意思是「無法抗拒的醜聞品質標章」（Irresistible Scandalous Hallmark），ISH琴酒是傳統的倫敦干型琴酒，但還有一些額外特點：雙倍杜松子使其成為倫敦干型琴酒中最不甜的琴酒。由艾倫·貝可（Ellen Baker）構思出ISH琴酒，並因她在馬德里開的「布里斯托酒吧」（Bristol Bar）受到西班牙氣息的啟發。完美平衡的配方無需使用人工添加劑即可提供獨特的風味。ISH琴酒在倫敦市中心的傳統壺式蒸餾器中歷經五次蒸餾。

口味和香氣

明確帶有杜松子的香氣，加上芫荽籽和清新的柑橘香，品嘗琴酒時，立即會注意到柳橙的味道，然後是其他相互協調的藥草植物。

搭配建議

1724通寧水和乾燥杜松子

成　分

杜松子⋯⋯⋯⋯⋯⋯⋯⋯⋯⋯

芫荽籽⋯⋯⋯⋯⋯⋯⋯⋯⋯⋯

歐白芷根⋯⋯⋯⋯⋯⋯⋯⋯⋯

杏仁⋯⋯⋯⋯⋯⋯⋯⋯⋯⋯⋯

鳶尾根⋯⋯⋯⋯⋯⋯⋯⋯⋯⋯

肉豆蔻⋯⋯⋯⋯⋯⋯⋯⋯⋯⋯

肉桂⋯⋯⋯⋯⋯⋯⋯⋯⋯⋯⋯

桂皮⋯⋯⋯⋯⋯⋯⋯⋯⋯⋯⋯

甘草⋯⋯⋯⋯⋯⋯⋯⋯⋯⋯⋯

檸檬皮⋯⋯⋯⋯⋯⋯⋯⋯⋯⋯

橙皮⋯⋯⋯⋯⋯⋯⋯⋯⋯⋯⋯

其他琴酒產品

- 伊什萊姆倫敦干型琴酒（Ish Limed London Dry Gin）／酒精濃度41%／柑橘調琴酒

柑橘

香料／複雜　　　　甜味

花香

49.3%

JUNIPERO GIN
朱尼佩洛琴酒
啤酒製造商的代表

源　起

朱尼佩洛琴酒是由海錨蒸餾廠*（Anchor Distillery）生產的，是位於多山地形的舊金山其中一座山丘上的一家微型蒸餾廠，也是海錨製造公司（Anchor Brewing Company）的一部分。弗里茲‧梅塔格（Fritz Maytag）於1993年創立了船錨蒸餾廠，這位高瞻遠矚的人士於1965年買下海錨製造公司，並為傳統啤酒注入新的活力。通過購買，弗里茲拯救了這家啤酒廠及其標誌性的蒸氣啤酒（Steam Beer），並透過生產各種創新的啤酒來開拓新市場。如今，海錨蒸餾廠及其美妙的單一麥芽黑麥威士忌老波特雷羅（*Old Portrero*），已搬到大型啤酒廠的偏僻角落，他們也生產朱尼佩洛琴酒，此款琴酒具有強烈的個性和49.3%的酒精濃度。該款琴酒是美國人對傳統倫敦干型琴酒的回應，在雞尾酒場合中非常受歡迎。

此款琴酒中肯定含有大量的杜松子，但會立即轉化為香料的混合體。該款琴酒已經奪下許多國際大獎，實至名歸。

口味和香氣

豐富的口感接續著杜松子、芫荽和甘草的味道；一款令人敬畏的傑出琴酒，但具有足夠的鮮活度和淡淡的土壤味。

成　分

杜松子……………………………
芫荽………………………………
檸檬………………………………
甘草等其他成分…………………

搭配建議

雞尾酒男通寧水和大量杜松子

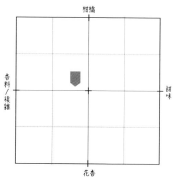

柑橘

香料／複雜　　　　　甜味

花香

* 審訂註：現更名為霍特林公司（Hotaling & Co.）。

ESSAY
7·DDG·GNS·1

Junípero

43%

NGINIOUS! COCCHI VERMOUTH CASK FINISH GIN

靈琴酒
柯奇香艾過桶琴酒

香艾酒的代表

源起

不管這個想法多麼瘋狂，最終總是邏輯勝出。這可能是兩位瑞士老兄奧利弗・烏爾里希（Oliver Ullrich）和拉夫・維利格（Ralph Villiger）的意圖，他們具有瑞士鐘錶般不可動搖的邏輯。琴酒不太適合在木桶中進行經典熟成，因為在加工過程中可能會迅速失去豐富而細膩的香氣，另一方面，全世界最著名的雞尾酒 —— 馬丁尼 —— 實際上即是琴酒和苦艾酒的組合，所以如果……？

尋求高水準香艾酒生產者使他們找上羅伯托・巴瓦・科奇（Roberto Bava Cocchi），羅伯托在他們頑固的堅持下同意了這起瘋狂的實驗，並把他幾款著名的柯奇杜林香艾酒（Cocchi Vermouth di Torino）交給他們。這造就出世界上第一款過香艾酒桶熟成的琴酒，或者更好的是，第一款桶陳的馬丁尼。此款限量生產版本的琴酒以皮革包裹，並有獨立編號的酒瓶，真正使這款琴酒獨一無二！

口味和香氣

柑橘和果香調與典型甜香艾酒的藥草調性完美協調。

成分

杜松子 ....
小檗 ....
檸檬 ....
柳橙 ....
新鮮柚子 ....
乾草花 ....
小豆蔻 ....
三葉草 ....
洋甘菊 ....
馬鞭草 ....
甘草 ....

搭配建議

享受這款精美的琴酒最好純飲或加冰塊、少量中性通寧水和柳橙皮屑。

其他琴酒產品

- 靈琴酒瑞士風琴酒（Nginious! Swiss Blend Gin）/ 酒精濃度45% / 複雜琴酒

52.3 %

NOLET'S RESERVE
諾萊特典藏琴酒
昂貴的代表

源 起

憑藉每年僅生產幾百瓶的酒、極其謹慎的篩選程序，以及老卡露斯‧諾萊特（Carolus Nolet Senior）四代傳承的生產經驗，此款諾萊特典藏琴酒是有史以來最獨特、最稀有也最昂貴的琴酒之一。諾萊特蒸餾廠仍在斯希丹（Schiedam）製酒，並且仍在其原始地點。琴酒的建議零售價為650歐元，因此享受此款琴酒確實只有一種方法：慢慢啜飲，以領略其完整的複雜性。諾萊特典藏琴酒引以自豪的獨特性，在於每瓶酒都由諾萊特先生親自編號和簽名，讓整個體驗更有格調。

口味和香氣

帶有草莓和花卉的香氣，口感溫暖而複雜，慢慢散發出整體的各種風味：番紅花、桃子、覆盆子、柑橘，當然還有杜松子。琴酒中散發著番紅花（最昂貴香料）淡淡的香料味和微妙的檸檬馬鞭草味。

成 分

杜松子⋯⋯⋯⋯⋯⋯⋯⋯⋯⋯⋯⋯⋯
番紅花⋯⋯⋯⋯⋯⋯⋯⋯⋯⋯⋯⋯⋯
檸檬馬鞭草⋯⋯⋯⋯⋯⋯⋯⋯⋯⋯⋯
和其他藥草植物

搭配建議

勿搭配，純飲！

- 限量100瓶 -

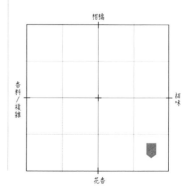

柑橘

香料／複雜

甜味

花香

NOLET'S
DRY GIN

THE RESERVE

IMPORTED

40%

ONE KEY GIN
唯一之鑰琴酒

設計感的代表

開啟所有門的唯一之鑰

源　起

唯一之鑰琴酒由新加坡異常集團（Abnormal Group Singapore）生產，關於此款琴酒的想法在2009年微露曙光，並且只有一個目的：為琴酒領域引入截然不同又創新的產品，唯一之鑰琴酒因此成為一款獨特的琴酒，主要由於其特殊的手工設計包裝：琴酒只能用附上的鑰匙打開 —— 此琴酒名稱即源自於此。因此，唯一之鑰琴酒的座右銘是：「開啟所有門的唯一之鑰！」包裝是以帶有深藍光澤的手工白玻璃打造。2011年，唯一之鑰琴酒榮獲IF包裝設計獎。

口味和香氣

琴酒帶有精選穀物、芫荽，杜松子和淡淡的薑味，是一款豐富而平衡的琴酒，帶有異國情調，你可以認真地慢慢飲用。

成　分

杜松子……………………………

薑…………………………………

芫荽………………………………

外國植物萃取物…………………

搭配建議

梵提曼通寧水和一小根百里香、新鮮芫荽或芫荽籽

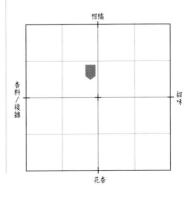

英 國

40 %

SACRED GIN
神聖琴酒

減壓蒸餾的代表

源　起

神聖琴酒是微型釀酒的倡導者之一，是琴酒復興的次要趨勢。創作者伊恩和希拉里·哈特（Ian & Hillary Hart）在倫敦北部自家的排屋裡生產琴酒，他們在該處有一間手工蒸餾廠。神聖琴酒是伊恩所獨創，他在失去獵人頭工作後在 2008 年重獲新生，重溫自己的自然科學學位，開始專注於真空蒸餾。他在當地酒吧朋友身上試驗他的琴酒，在第 23 次測試獲得一致認可。神聖琴酒是以極度低壓生產，但這並不影響品質；且恰恰相反。12 種有機藥草植物中的每一種都浸漬在最優質的英國穀物酒精中，然後在壓力下分別在玻璃器皿中蒸餾，此過程確保了鮮活度和濃郁的特色，且在琴酒的世界裡是非常不尋常的做法。「神聖琴酒」這個名字來自其中一種植物：乳香 Olibanum 或是拉丁文的「Boswelia Sacra」（一種香）。

口味和香氣

嗅覺上有柑橘調的辛香味，還有肉豆蔻和杜松子的柔和口味，帶來優雅的餘韻。

成　分

杜松子⋯⋯⋯⋯⋯⋯⋯⋯⋯⋯⋯⋯
鮮切檸檬⋯⋯⋯⋯⋯⋯⋯⋯⋯⋯
小豆蔻⋯⋯⋯⋯⋯⋯⋯⋯⋯⋯⋯⋯
肉豆蔻⋯⋯⋯⋯⋯⋯⋯⋯⋯⋯⋯⋯
乳香⋯⋯⋯⋯⋯⋯⋯⋯⋯⋯⋯⋯⋯⋯
及其他成分

搭配建議

芬味樹印度通寧水，磨碎的肉豆蔻和／或肉桂棒

其他琴酒產品

- 神聖小豆蔻琴酒（Sacred Cardamom Gin）／酒精濃度 40%／辛香調琴酒
- 神聖鳶尾琴酒（Sacred Orris Gin）／酒精濃度 40%／花香調琴酒

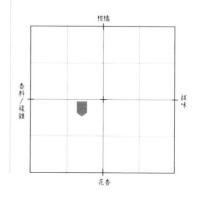

Tanqueray

MALACCA GIN

LIMITED EDITION

IAN OCEAN

BOTTLE Nº: GR 06380

40
%

TANQUERAY MALACCA
坦奎瑞麻六甲琴酒
浴火重生的代表

源 起

多年來，坦奎瑞麻六甲琴酒被視為廣為人知的坦奎瑞倫敦干型琴酒的兄弟款琴酒，該款琴酒創立於1997年 —— 以1839年的配方為基礎 —— 儘管在琴酒愛好者中愈來愈受歡迎，卻在2001年撤出市場。此後想買一瓶這款標誌性琴酒的人在黑市付出了創紀錄的價格。2013年，該款琴酒重新向大眾發表。這款辛香調琴酒的復刻版在全球僅發行100,000瓶。該琴酒向1839年從查爾斯·坦奎瑞（Charles Tanqueray）筆記中獲得的配方致敬，這是他在遠東地區貿易任務中開發的琴酒，採用來自世界四個角落的藥草植物和香料。如今，想找到這瓶酒就像大海撈針一樣，但是絕對值得為此付出努力！*

口味和香氣

坦奎瑞麻六甲琴酒是一款較淡且更具果香味的琴酒，杜松子的味道不強，但葡萄柚的香氣卻比其兄弟款琴酒強烈。該款琴酒柔和而圓潤，帶有突出的肉桂味，嘗起來像糖果，尾韻簡潔清新。

成 分
無資料

搭配建議
黃膽瑞士頂級通寧水和葡萄柚皮屑

查爾斯·坦奎瑞

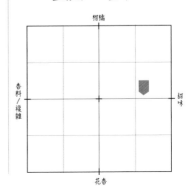

柑橘

香料／複雜

甜味

花香

---

* 審訂註：2018年起已固定在免稅商店通路發行。

荷 蘭

41.7%

VL92 GIN
VL92 琴酒
復古的代表

源 起

VL92琴酒源自兩位企業家李奧‧方提尼（Leo Fontijne）和西耶茲‧卡爾維克（Sietze Kalkwijk）對終極琴酒的追尋。此款荷蘭手工琴酒生產中使用麥芽酒（25%），是荷蘭琴酒的原始成分，因此使人強烈聯想到荷蘭琴酒與琴酒的起源。該款琴酒以一艘歷史悠久的荷蘭帆船命名，這艘船曾用來運輸異國香料，對當時當地的荷蘭琴酒配方而言太大膽了，但非常適合VL92琴酒。2012年5月15日，首批VL92琴酒別出風格地按原船式樣運送到倫敦。

口味和香氣

厚實感來自麥芽酒，藥草植物帶來複雜度，芫荽葉則帶來驚喜。在他款琴酒中找不到添加麥芽酒這樣的靈感。

成 分

麥芽酒⋯⋯⋯⋯⋯⋯⋯⋯⋯⋯⋯⋯⋯⋯
杜松子⋯⋯⋯⋯⋯⋯⋯⋯⋯⋯⋯⋯⋯⋯
芫荽葉⋯⋯⋯⋯⋯⋯⋯⋯⋯⋯⋯⋯⋯⋯
及其他各種藥草植物

搭配建議

梵提曼通寧水和薑片

其他琴酒產品

- VL92 YY琴酒（VL92 YY Gin）/ 酒精濃度45% / 熟成琴酒

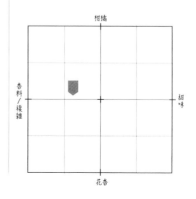

VL92 GIN

ginstooksel:

		XX
moutwijn		XY
korianderblad	///	
		YY
28 JUL 2013		

41,7% alcool per volume
1000ml.

B. vn Toor Je

荷 蘭

44.5%

ZUIDAM DUTCH COURAGE
贊丹荷蘭勇氣琴酒

歷史性的代表

烈酒杯

源 起

贊丹蒸餾廠（Zuidam Distillers）是荷蘭碩果僅存的獨立蒸餾廠之一，這家家族企業使用傳統的加工和生產方式生產自己的蒸餾液和萃取物。此款琴酒歷史性的名字源自三十年戰爭上戰場前，給士兵以烈酒杯盛裝的荷蘭琴酒。贊丹荷蘭勇氣琴酒在大型國際比賽中多次獲獎。

口味和香氣

嗅覺上強烈香料的香氣源自帶土壤味的杜松子，充滿異國情調的藥草植物香氣，口味上帶有土壤味和淡淡柑橘味以及乾燥藥草的味道，餘韻強烈，苦中帶甜。

搭配建議

湯瑪士亨利通寧水和甘草棒

成 分

杜松子·····························
芫荽······························
歐白芷根·························
西班牙的柳橙和檸檬···········
馬達加斯加香草·················
印度甘草·························
錫蘭的小豆蔻·····················

其他琴酒產品

- 贊丹荷蘭勇氣熟成琴酒88（Zuidam Dutch Courage Aged Gin 88）/ 酒精濃度44% / 熟成琴酒
- 贊丹荷蘭勇氣老湯姆琴酒（Zuidam Dutch Courage Old Tom's Gin）/ 酒精濃度40% / 復古甜琴酒

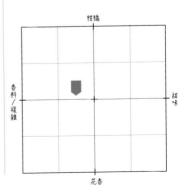

實作篇：製作調酒

　　琴酒，當然還有通寧水，在這個世界已融為一體，是時候將理論付諸實踐，並向你展示該如何製作了：以正確的比例、工具和裝飾物。

　　播放一些悠閒的音樂，拿著一杯琴通寧，並依著這理想組合的節奏擺動。琴通寧之間純潔的愛已經表達了數十年；自邂逅以來便充滿激情，安息片刻後重新燃起了「二見鍾情」。相信我們，這重新燃起的激情能使火花四射，能使人狂喜起舞，就像在愛情遊戲中一樣，有時可以保持一種「故作冷酷」的狀態，這種愛使雙方相互挑戰，相互促進提升，並鼓勵創造力。但請保持開闊的胸襟，因為在這種關係中還有第三者 —— 該說是藥草植物先生，還是藥草植物女士？（我們將把這項選擇留予你自行想像）—— 可能會經常伴隨著這對愛侶，甚至可以改善他們之間的關係；這對愛侶，還有一些額外的成分，你會在杯裡留意到……

不該做的事

　　讓我們舉幾個愚蠢的例子：一碗玉米片加入香檳，或者用一袋薯條裡配魚子醬，這至少可說是奇怪的組合，但實際上這種組合幾乎沒有共通點，在口味或創造力方面也幾乎沒有共同點。儘管必須說每種產品都有各自的特質，但是放在一起時根本無效。有些事情不能刻意為之，就像魚子醬配薯條無法提供長期關係的基礎，有些

琴酒也無法與某些通寧水完美融合。

如何找到完美搭配並使用通寧風味象限圖

　　首先，你需要找出你最喜愛的琴酒，正所謂幸福掌握在自己手中，且愉悅地尋找自己喜愛的琴酒也是一大樂事。首先要盡可能試酒，愈多愈好，當然，試酒的同時你也可以在露台上享受夏日，去跳舞，在迪斯可舞廳調查減價的範疇，或在家裡的壁爐旁邊放鬆地進行。當然也要隨身攜帶這本書去探索，然後閱讀並記錄下來。但請不要忘記，每一次的發現之旅都有有起有落，有時候讀到一瓶感覺起來很美味的琴酒，但嘗到時會令人失望，反之亦然。視之為一項能夠持續一生並可能改變方向的追求吧，而我們能向你保證的一件事是：你尋尋覓覓的聖杯是存在的！之後會變得更加有趣，甚至可能變得更加輕鬆，因為這本書將引導你朝向正確的方向，為你提供許多尋找正確通寧水的靈感，並向你展示如何製作和呈現終極的琴通寧。

　　現在如你所知，完美調酒背後的祕密其實相當簡單，僅關乎於分析琴酒與通寧水的成分。在接下來幾頁中，我們將介紹一種檢視風味的原創方法：琴通寧風味象限圖。

琴通寧
風味象限圖

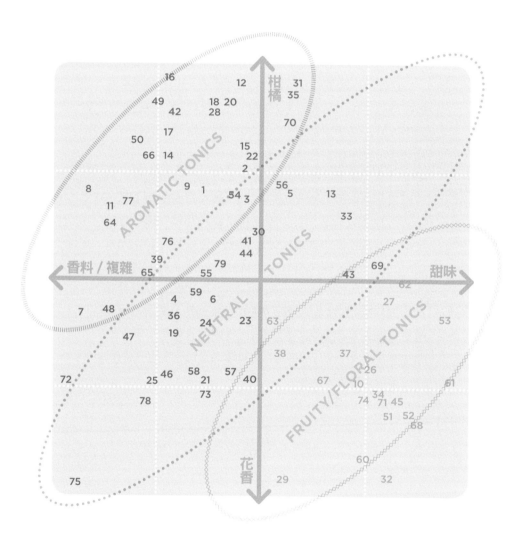

你是否已經好好看過琴通寧風味象限圖了？這個創新的全新版本顯示了琴通寧風味上的完美結合，絕對是創舉，且非常易於閱讀和解釋。

來實作吧！

首先，選擇當下你最喜愛的一款琴酒，或者拿一瓶朋友送你的酒，但是，如果你不確定哪種通寧水適合與之搭配，沒關係，我們會等你⋯⋯

拿好了嗎？好，現在將備齊琴酒領域和通寧水口味的琴通寧風味象限圖拿來，打開酒瓶，聞聞香氣，純飲琴酒。但是等等，我們還沒有解釋如何正確品嘗琴酒⋯⋯

品　酒

儘管人類可以區分許多不同的味道，但實際上只有四種不同的味乳突，每種都專門用於探測特定的味道：甜味、鹹味、酸味和苦味。我們可以區分的所有味道都是這四種基本味覺的組合，現在還有第五種味覺 ——「鮮味」（umami 或 savoury）能添加到列表中。雖然在 1980 年鮮味已在科學上被認可為其中一種基本味覺，但直到 2010 年人們才開始將鮮味稱之為第五種味覺。

然而，五種基本味覺僅是我們感知味道的一部分，對人類來說，嗅覺在味覺中起著重要作用，嗅覺可以對

甜　酸　鹹　苦　鮮

你要品嘗的東西產生一定的預期，因此檢視琴酒是否符合這些預期將是很有趣的一件事。所以，來幹活吧……

酒　杯

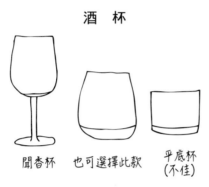

聞香杯　　也可選擇此款　　平底杯（不佳）

酒杯可以幫助你品酒，最好使用鬱金香形酒杯，這種杯形的杯底較寬但邊緣較窄，更能幫助香氣傳向鼻子，這種類型的酒杯稱為聞香杯（snifter），但形狀類似的葡萄酒杯或雪利酒杯也可以。平底杯（tumbler，底部厚且筆直的寬口酒杯）對品酒來說並非上選，因為香氣會很快消散。

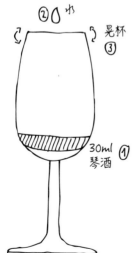

晃杯 ②③

30ml ① 琴酒

琴　酒

將約30毫升的琴酒倒入酒杯中，你還可以加入一些水，因為如此做可以抑制酒精並加強酒中所使用的藥草植物味道。

晃　杯

將琴酒在酒杯中搖晃，這會搖入氧氣，並使香氣聚集在杯邊。透過這個舉動，你可以更有效地感知到琴酒的香味。

嗅聞 ④

聞　香

從字面上看，是指將鼻子深入酒杯中，然後聞一聞香氣。用於識別琴酒中香氣的一些常用術語是：柑橘味、果香味、花香味、土壤味、香料味、甜味和木頭味。

柑橘味　　花香味　　木頭味

果香味　　甜味　　香料味

土壤味

註：

強烈的化學味表示你正在品飲的琴酒品質很差。

品　嘗

稍微啜飲一口，讓琴酒在嘴裡四處流轉，以評估其基本口味，然後在你將琴酒在口裡翻攪之前，先讓琴酒停留在舌頭上，如此可讓你分析所有風味。

第一口應該先嘗到杜松子溫暖而愉悅的微妙風味，花點時間讓所有風味都有機會浮現，因為你已經知道，琴酒開發中使用了各式各樣的藥草植物。

接著嘗試找出琴酒乾澀不甜的味道，舌背乾澀的感覺通常表示使用多種藥草植物，例如歐白芷根或鳶尾根。

描述琴酒口味的許多常用術語首要是風味象限圖中的四個「方向」：柑橘、甜味、花香、香料／複雜。但是也經常以泥土味、胡椒味、異國風味等來描述口味。

餘　韻

最後，一支優質琴酒的特色是應該始終留有鮮活清爽的餘韻，杜松子的風味不應該迴盪太久。當你準備好喝下一口時，前一口應該只存乎於記憶，具有這種品質的琴酒通常被認為是口感柔順的。

在風味象限圖上定位該款琴酒
並找出適合搭配的通寧水

我們已經在風味象限圖上放置很多琴酒，但是如果你找到自己喜愛的琴酒，那麼在品嘗之後，你會想讓自己的發現在風味象限圖上占有一席之地，請專注在柑橘、甜味、花香、香料／複雜，琴酒愈靠近象限圖中心，就愈接近經典倫敦干型琴酒的口味。如果你發現無法將琴酒放在風味象限圖上的任何一處，則極有可能是口味奇特（異國風味）的琴酒，在選擇搭配的通寧水時，需要對這類型琴酒進行單獨評估。

快速回顧：

經典倫敦干型琴酒

倫敦干型琴酒在風味象限圖中央，因此不應與味道強烈的通寧水搭配使用，最好與愈中性的通寧水搭配愈適宜，例如芬味樹印度通寧水、湯瑪士亨利通寧水或舒味思頂級原味通寧水。中性通寧水將能完美增強倫敦干型琴酒的經典風味，又不會使其過強。

柑橘調琴酒

此類琴酒非常適合搭配芳香通寧水，帶有柑橘味的芳香通寧水絕對是理想之選，例如搭配含有萊姆風味浸漬液的梵提曼通寧水，這些成分能完美突出你琴酒中的柑橘香氣。

甜琴酒

這類琴酒的平均甜度最好與果香通寧水搭配使用，例如1724通寧水和印地草本通寧水。

花香琴酒

這類型琴酒的典型特色和藥草植物具有淡淡果香和美麗的花香，非常適合與柔和果香成分的通寧水搭配使用，例如1724通寧水和印地草本通寧水。

辛香調琴酒

辛香調琴酒會清楚顯示出明顯的香氣和風味，由於這種複雜的多樣性，這類琴酒可以與梵提曼通寧水這類芳香通寧水完美融合。但也有人可能會爭辯說，由於這些類型琴酒是如此複雜又多層次，因此只需要一點提味即可，這當然是可理解的：像猴子47琴酒和甘諾瑟爾蒸餾廠的黑色琴酒這種最富辛香調的琴酒已經很棒，它們只需要搭配中性通寧水。

別忘了試驗看看！

我們鎖定的是百分之百的純天然通寧水，但你絕對應該自行探索種類繁多的琴酒和無數種通寧水品牌，可以考慮使用以接骨木花為成分的琴酒，例如達恩利琴酒（Darnley's Gin）、納金琴酒（Knockeen Gin）、微風琴酒（Zephyr Gin）等等，這些琴酒很適合搭配湯瑪士亨利接骨木花通寧水。

琴酒的世界沒有極限，你自身的創造力和經驗一定會為你帶來知識。自由進行試驗吧，別忘了幾乎每個星期都有新的琴酒和通寧水品牌出現，為無休止的調和與

搭配提供足夠的素材,並發現令人驚訝的新組合。

　　一旦找到理想的搭配(或出眾的組合),我們將繼續為這對琴瑟合鳴的愛侶提供理想的製作和呈現方式。我們將從經典的製作方式和正確的比例開始,不用擔心,我們將簡短討論「完美」的呈現方式,當然包括裝飾。

經典琴通寧

　　讓我們從基礎開始:琴酒加通寧水,不多不少,就是如此而已,配方很簡單,但仍然值得適當留意,簡單的配方很容易就會使你減少花費在這件事上的時間,或者很容易投入太少的專注力。因此請專注,你將永遠不會遺忘做法。在雞尾酒的世界裡,草率不能是藉口,即使是最基本的雞尾酒也是一種藝術形式。經典測量方法是:1份琴酒配4份通寧水。通寧水必須使琴酒的本質和純度完整,而不搶戲。

　　一1份琴酒:50毫升

　　一4份通寧水:200毫升通寧水

　　一大量冰塊

1x琴酒　　4x通寧水　　冰塊(大量)

　　冰塊愈大愈好,因為水實際上是琴通寧的大敵,因此你需要確保冰塊盡量不融化。

　　還有檸檬或萊姆，我們聽到你這麼說嗯，這真的要取決於琴酒的天然風味為何，這與伏特加有所區別。毫無疑問，杜松子是主角，但通常這種風味是由檸檬或萊姆支撐。換句話說，柑橘味已經存在，但是，如果你想增強這種味道或在這種味道不夠濃郁的琴酒中添加更多的柑橘味，那麼你絕對該這樣做。正所謂De gustibus et coloribus non disputandum est——口味無須爭議。我們的建議是？當你決定在琴通寧中添加檸檬或萊姆時，只需添加水果的皮屑或果皮即可，否則果汁和酸度會壓倒琴酒的「真實」的味道。

檸檬皮　　　　　柳橙皮

註：
我們當中的純粹主義者和行家無疑更喜歡口感強烈一點的琴通寧，在那種情況之下，可以輕易將比例調整為1份琴酒兌上2或3份通寧水，甚至1份通寧水。但是琴通寧最理想的最低享用比例是1：1。

1x琴酒　　　1x通寧水

完美呈現

　　正如餐點可以吸引人的胃口，琴通寧也應該一樣誘人，令人飢渴。西班牙是當代美食的發源地（在國際餐廳指南中位居主導地位並非偶然），因此西班牙人也將琴通寧提升為一種藝術形式。

　　此外，「gintonic」是西班牙一種生活方式，這種生活方式無所不在，是一種無法忽視的琴酒狂熱。大約五年前，西班牙廚師，尤其是調酒師的興趣大力推動了這種酒飲的發展，並使其融入西班牙文化，現在當地人和遊客都可以享受完美呈現調酒的所有儀式

你需要什麼？

酒　杯

　　琴通寧會盛裝在copa de balon或稱氣球杯中，基本上這是一種氣球形狀的大酒杯。顧名思義，copa de balon源

自西班牙，在這塊美食先驅者的土地上，沒人會用其他形式酒杯呈現琴通寧。在低地國家，也會用平底杯 —— 一種矮而寬口的圓柱狀酒杯 —— 盛裝琴通寧，但是最好使用氣球杯，因為我們最喜愛的長飲方式在平底杯中會更快升溫。我們從氣球杯的杯底或頸部（就像葡萄酒杯一樣）握住氣球杯，以免手直接接觸表面致使杯子變熱。

如果你不巧沒有氣球杯，請使用紅酒杯，圓錐形構造對琴通寧很有幫助。但是如果你不介意我們提供一些金玉良言 —— 請購買幾只氣球杯。如今氣球杯很容易買到，這種酒杯會將你喜愛的琴通寧提升到更高的水平。

忘了長飲杯吧，因為這種酒杯會把琴酒留在杯底。氣球杯、紅酒杯甚至平底杯都能確保琴酒能與通寧水混合，有益於酒飲融合。此外，寬口酒杯會散發香氣，並且由於酒杯朝向酒杯頂部的形狀略窄，有助於將香氣留在酒杯中。每個細節都很重要。

冰　塊

由「飲用水」製成的大塊冰塊，並未與其他東西接觸，冰塊會迅速吸收保存同一冰箱中其他東西的氣味和風味。冰塊愈大，融化的速度就愈慢，並且如前所述，你不希望你的琴通寧被水稀釋。在這種情況下，冰塊愈多愈好，一定要將冰塊裝滿你的酒杯，琴通寧應該是冰涼的！

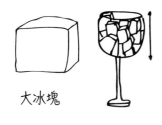

大冰塊

註：

當然，你可以透過先在酒杯中晃動冰塊來冷卻酒杯，冷卻後要確定有用新的冰塊替換本來的冰塊。

想要一杯有創意的調酒？試著將藥草植物凍結在冰塊中，不僅看起來美，對琴通寧的味道也沒有太大影響。

琴　酒

量酒器

　　這世界上沒有所謂最好的琴酒，每個人都有自己的個人品味，5公勺（50毫升）琴酒是標準份量，使用量酒器即可輕鬆判斷，因為量酒器大多可容納5公勺（50毫升）。如果你個人選擇的琴酒酒精濃度較高（＋45%），我們建議你使用較少量的琴酒。

通寧水

　　起點是1份琴酒配上4份通寧水，這表示50毫升的琴酒與200毫升的通寧水是理想的搭配。並非所有通寧水瓶的容量都是200毫升，以梵提曼通寧水為例，內容量只有125毫升，而Q通寧水則是237毫升。你應該要求將琴酒和通寧水分開端上，以便能夠自己倒通寧水，然後朋友們還能享用任何喝剩的通寧水。

　　通寧水太少了嗎？好吧，那你就喝比較烈的琴通寧吧。你主要是在家中喝琴通寧嗎？在這種情況下，沒有

問題，因為你就是酒保，而在閱讀本書之後，你將能確切知道如何呈現你完美的琴通寧。沿著杯側倒通寧水：這樣可以使氣泡保持在最佳狀態，或者使用調酒匙，使通寧水輕輕順著湯匙手柄流入酒杯。

有意義或無意義的裝飾琴通寧

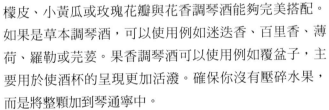

正如我們討論過的，用你喜愛的琴通寧做沙拉並不算個好主意。此時我們不再討論是否使用裝飾物，你自己一個人就可以決定最後要在琴通寧加入什麼素材。首先最重要的是，裝飾物是為了使酒杯的呈現吸引人，但也可以突顯特定口味或提供其他缺失的風味。

萊姆、檸檬、大黃或橄欖與干型琴酒搭配都很不錯，原則上，你可以在干型琴酒或有大量杜松子成分的琴酒中添加任何類型的裝飾物，因為琴酒並沒有特別不同的味道，在這種情況下，你可以使用藥草植物添加特定的口味，葡萄柚、檸檬皮、小黃瓜或玫瑰花瓣與花香調琴酒能夠完美搭配。如果是草本調琴酒，可以使用例如迷迭香、百里香、薄荷、羅勒或芫荽。果香調琴酒可以使用例如覆盆子，主要用於使酒杯的呈現更加活潑。確保你沒有壓碎水果，而是將整顆加到琴通寧中。

如果你決定裝飾你的琴通寧，請不要忘記一個簡單但必不可少的原則：水果、香草和其他裝飾物要清洗。裝飾柑橘類水果（檸檬、萊姆或柳橙）時的另一項重要原則是使用皮屑或果皮，因為皮屑或果皮中含有水果的油份，而不帶中果皮的苦味。

　　傳統上會使用刨絲刀從柑橘類水果中切出非常細的薄片，使用經典的削皮刀很容易切出較大的薄片。當然一把好刀也是必不可少的，如何裁切以及如何創作完全取決於你自己。

　　但是，我們確實希望深究切柑橘類水果最常見的其中一種方法：扭轉（twist）。用削皮刀切開柑橘類水果的果皮，用兩隻手握住末端，並在酒杯上以相反方向扭轉果皮以榨出油。然後將扭轉的物體放入酒杯中。

　　如果你決定在琴通寧中加入藥草植物，請不要太浮誇。磨一小撮胡椒、一顆八角、三顆杜松子、磨一兩下肉豆蔻就足夠了。通常，一到三種不同的裝飾物就足夠了。一種是足夠、兩種是活潑的二重唱、三種是歡樂的三重唱，超過三種根本就太多了！

　　為了幫助你找到自己的方式，以下我們列出最常見的藥草植物，並向你展示哪種藥草植物與哪種琴酒搭配會最合適。如今很容易就能在超市或蒸餾酒商店中買到大量的藥草植物 —— 商店中有多種常見的藥草植物，可助你製作出完美的琴通寧。

杜松子

你會在每款琴酒中找到杜松子，因此杜松子可以在任何琴通寧搭配使用。

搭配：所有種類的琴酒。

使用：3-4顆（壓碎的）杜松子。

木 槿

木槿樹原產於地中海地區和世界各地的亞熱帶地區，其喇叭形花朵大而醒目，能為你的琴通寧帶來優雅、迷人和花香的感受。

搭配：花香調琴酒。

使用：3-4瓣。

玫瑰胡椒

這種裝飾性的玫瑰胡椒，是生長在南美一種小樹「祕魯胡椒木」（shinus molle）上被太陽曬乾的小種籽，為琴通寧帶來輕盈、清新和辛香風味。注意：玫瑰胡椒可能對木本堅果過敏的人造成過敏反應。

搭配：花香調或甜琴酒。

使用：2-3顆壓碎的漿果。

小豆蔻

小豆蔻與薑科家族有關聯，帶有甜和強烈的氣味，味道像香柑、檸檬和樟腦。種子壓碎時，會以一種溫暖和藥草的味道充分強化你的琴通寧。

搭配：草本琴酒。

使用：一點壓碎的小種籽。

肉　桂

肉桂帶有一種藥草和溫暖的味道，常用於烹飪。在琴通寧中，肉桂用來對比甜美柑橘調。

搭配：花香調或甜琴酒。

使用：一根肉桂棒。

柑橘皮

過去橙皮主要用於裝飾琴通寧，如今琴酒中的柑橘味特徵具有擴大的趨勢，因此會添加更多種柑橘類水果的果皮，例如甜橙、酸橙、檸檬、萊姆、葡萄柚、橘子、金桔等等。

搭配：所有種類的琴酒。

使用：4片果皮。

芫荽籽

芫荽籽起源於中東地區，在中東常用於烹飪，通常添加於深色啤酒中作為調味料，但它們在許多琴酒配方中也起著重要作用。在蒸餾過程中，芫荽籽會釋放出鼠尾草和萊姆的草本風味。

搭配：所有種類的琴酒。

使用：少許籽。

八　角

八角是作為香料使用 —— 整顆或磨碎使用，外皮帶有辛辣和濃烈的味道。八角具有強烈的茴香味，並為你的琴通寧添加了同樣強烈的辛香風味。

搭配：草本和柑橘琴酒。

使用：1顆八角。

甘 草

甘草常被首席製酒師戲稱為「拐杖糖」，當中包含糖份、苦味和產生典型木頭味的物質。甘草的實用性和連結性使其適用於所有類型的琴酒。此外，甘草能柔和口感。

搭配：所有種類的琴酒。

使用：一塊甘草（至多兩塊，取決於大小）。

最後潤飾

如果你喝琴通寧作為開胃酒，請務必盡量喝有氣泡的。這就是為什麼必須將通寧水輕輕添加到酒杯中（沿杯壁下流），建議不要攪拌琴通寧。

如果你選擇在餐後享用琴通寧，請使用吧叉匙或攪拌棒攪拌一下，以減低碳酸效應，攪拌兩次或三次就足夠了，以避免造成打嗝。為了達到完美結尾，我們最重要的祕訣是與好朋友一起享用。

完美琴通寧五步驟

1

拿一只氣球杯、紅酒杯或平底杯，將酒杯預先放在冰箱中冰鎮幾個小時，另一種方法是：在酒杯中加冰，用吧叉匙攪拌冰塊直至充分冰鎮，然後倒出冰和融化的水。切勿使用用來冷卻酒杯的冰塊製作琴通寧。附加提示：如果酒杯產生冰霧，就表示杯冰鎮完畢了。

2

將冰塊加滿酒杯，冰塊愈大顆愈好，沿杯緣輕輕擦拭柑橘果皮。確保是裝飾用果皮，不帶果肉，果皮中含有水果的油份。

3

選擇一種或多種裝飾物，然後加到酒杯中。

4

取量酒器將你喜愛的50毫升琴酒倒在冰塊和藥草植物上，如果酒精濃度高於45%可以倒少一點，40毫升即可。

5

最後倒入200毫升的通寧水，但要輕柔地倒，以保持氣泡效果，你可以透過將通寧水由酒杯內側倒入來做到這一點。另一個技巧是取吧叉匙或攪拌棒，蓋著通寧水瓶，然後將通寧水順著棒身輕輕倒入酒杯中。

終極呈現

現在，你已經瞭解如何製作和呈現出完美的琴通寧了，但總有改進的餘地，這就是為什麼我們要花點時間思考終極完美的呈現方式！提升到更高水平，或者真正讓你賓客驚豔的完美呈現。

這與前所未聞的裝飾法無關，也不是用1001種不同類型的藥草植物來裝飾你的琴通寧。不，最終的訣竅是找到可以使你琴通寧更美味的成分。藉由使用正確的切割和處理方法，你可以確保完美呈現讓人立馬發出一聲驚呼。

請允許我們以一些實例進行說明，從亨利爵士琴酒開始，這就是一切的開端。如你現在所知，亨利爵士琴酒要搭配小黃瓜，不加冰塊，不加柑橘片，但要搭配一條長長的小黃瓜絲帶！沿著黃瓜切出長長一條，使用起司刨刀切出在酒杯中旋轉的完美絲帶。這條絲帶不僅用於裝飾，還

小黃瓜

可以使你的酒飲帶有小黃瓜味，這就是你在呈現亨利爵士琴酒時尋覓的成分。

另一個例子是巴塞隆納BCN琴酒的呈現方式，如你在前文所知，BCN琴酒來自生產世界聞名的西班牙普里奧拉葡萄酒的酒莊，對當地卡利濃和格納希葡萄進行蒸餾，以獲得BCN琴酒基酒。為了使BCN琴酒真正達至出類拔萃的境界，在調製時最好加入少許紅酒，最好使用產自普里奧拉產區的紅酒。

在一只紅酒杯中裝入三顆冰塊，倒入少許紅酒，然

葡萄

後晃動酒杯，透過雞尾酒隔冰器倒出一些葡萄酒，但要確保杯中留有一些葡萄酒，把冰塊留在杯中，因為冰塊吸收了葡萄酒的味道。切一塊萊姆角，在酒杯上擰轉，沿杯緣擦過然後丟入酒杯中。加入一片黑葡萄，然後在酒杯中裝滿冰塊，倒入30毫升的BCN琴酒和200毫升的中性通寧水收尾。成果的琴通寧呈現淡粉紅色，精美地表達出BCN琴酒的葡萄酒特色。

換句話說，永遠要找到一種壯觀的方式來反映出琴酒本身的基因。此外，作為經驗豐富的琴酒愛好者，你可以冒險使用對比鮮明的裝飾物，從大廚們的才學中汲取靈感，例如，以像五十磅或老英式琴酒這樣的甜琴酒，搭配鹹味或摻了鹽的裝飾物，例如鹽角草或補血草，這種自然的對比能營造出一種小小的狂喜！

想更進一步嗎？檢查琴酒的化學構成，可與搭配的食物相對照。化學家斯圖爾特·貝爾（Stuart Bale）就是這樣發現最適合瑪芮琴酒的裝飾物是芒果和黑胡椒。琴酒中存在的百里香、迷迭香和羅勒也是該款琴酒很受歡迎的成分，但他發現芒果和黑胡椒中高含量的蒎烯，在杜松子和地中海藥草植物中也發現得到，因此，芒果和黑胡椒是瑪芮琴酒的終極裝飾。

芒果

　　透過使用正確的工具和正確的裝飾，你可以實現終極呈現的目標，透過組合這些元素，你便能找出符合所有人期望的琴通寧，志存高遠，便能技驚四座。

　　如果你希望自己喜愛的琴酒得到應有的關注，那就就上網查看你喜愛品牌的完美做法，你會發現不計其數的影片，這些影片能為這些完美做法增色不少。持平說來，我們必須承認網路上也播出許多有誤的做法，你必須選擇可靠的來源，但是在閱讀本書之後，便不成問題了。

琴酒搭餐：
食物與琴通寧的搭配

　　認為琴通寧注定獨飲的人錯了，從西班牙小菜到甜點的許多餐點都是琴通寧的理想伴侶。琴通寧不僅能清理味覺，還提供了全新的味覺感受。琴酒絕對是一種充滿潛力的酒款：琴通寧可以完美搭配你餐點的口味，也可以作為食譜中的成分，或者兩者兼而有之。琴酒啟發了許多美食家創造出令人驚奇的搭配方式，我們再也無法想像沒有琴酒的烹飪世界。

　　去拉把椅子，為這種「琴酒搭餐」的體驗做好準備，承辦這場盛宴的廚師是愛馬仕·範利夫德（Hermes Vanliefde）和他的夥伴彼得·拉魯（Peter Laloo），他們是位於布魯日（Brugge）一家特色餐廳洛克堡（Rock-Fort）的經理，他們確實知道如何充分利用酒，並在餐盤上和一旁的酒杯中創造魔力

　　為了在菜餚與琴通寧之間形成完美的聯繫，我們以「純粹」的方式呈現，不添加裝飾物。

　　每篇食譜為四人份。

琴通寧：
亨利爵士琴酒＋
梵提曼通寧水

食譜：
蘋果玫瑰義大利冰沙
韃靼鮪魚佐小黃瓜

這道菜反映了亨利爵士琴酒中濃郁的小黃瓜味，義大利冰沙的爽口感帶來令人愉悅的對比，同時形成與琴通寧的完美連結。

做　法
加入所有材料，混合並過篩。將鮪魚切碎，與2-3湯匙的醬汁混合，用胡椒和鹽調味，接著加入切碎的蔥、細香蔥和芝麻，徹底混合。

將所有用於義大利冰沙的材料混合在一個淺的防凍容器中，放進冰箱裡，大約一小時後檢查一下，在形成冰晶狀態時用叉子將其攪散。

將乾燥的海帶芽浸入微溫的水中，瀝乾水份，並加入少許醬汁。用海藻、小黃瓜和蘋果片裝飾鮪魚，最後放上亨利爵士琴酒口味的義大利冰沙。

材　料
200克地中海的鮪魚⋯⋯⋯⋯⋯
鹽和胡椒⋯⋯⋯⋯⋯⋯⋯⋯⋯
1支法國大青蔥，切碎備用⋯⋯⋯
2茶匙切碎的新鮮細香蔥⋯⋯⋯⋯
20克乾燥海帶芽⋯⋯⋯⋯⋯⋯⋯
半條小黃瓜，切丁備用⋯⋯⋯⋯⋯
1顆澳洲青蘋，切片備用⋯⋯⋯⋯
1大匙芝麻粒⋯⋯⋯⋯⋯⋯⋯⋯

醬　汁
30克磨碎的新鮮生薑⋯⋯⋯⋯⋯
60毫升壽司醋⋯⋯⋯⋯⋯⋯⋯⋯
100毫升阿貝金納（Arbequina）橄欖油⋯⋯⋯⋯⋯⋯⋯⋯⋯⋯⋯
30毫升醬油⋯⋯⋯⋯⋯⋯⋯⋯⋯
少許麻油⋯⋯⋯⋯⋯⋯⋯⋯⋯⋯

義大利冰沙
200毫升蘋果汁⋯⋯⋯⋯⋯⋯⋯⋯
40毫升亨利爵士琴酒⋯⋯⋯⋯⋯
100毫升白酒⋯⋯⋯⋯⋯⋯⋯⋯
1茶匙玫瑰水⋯⋯⋯⋯⋯⋯⋯⋯
3大匙蔗糖糖漿⋯⋯⋯⋯⋯⋯⋯

琴酒搭餐：食物與琴通寧的搭配

琴通寧：
天竺葵琴酒＋
1724通寧水

食譜：
新鮮山羊起司佐杜松子、
醃檸檬和蜂蜜

山羊起司和杜松子是絕妙的搭配，與琴酒的連結無需贅言。醃檸檬完美地搭配天竺葵琴酒中的花香和輕微的藥草植物香氣，這款琴酒中除了其他成分之外，還包含天竺葵精油，這道菜以天竺葵花瓣作為最後一道裝飾。

做　法
將烤箱預熱至180℃。

用切片器將櫛瓜刨出八片縱長切片，然後將切片切成細絲帶，用鹽和胡椒調味。

用杜松子、胡椒和鹽調味山羊起司，將一匙蜂蜜淋在起司上，烤至變軟，或用噴槍燒炙成褐色。

將櫛瓜細條擺在餐盤上，將山羊起司置於上方，最後放上一片醃檸檬和一些天竺葵花瓣。

材　料
1條櫛瓜 ······························

4塊山羊奶酪 ·······················

4顆乾燥杜松子 ····················

胡椒和鹽 ····························

4片醃檸檬（可至專業供應商或摩洛哥商店購買）·······················

4大匙蜂蜜 ·························

約20片天竺葵花瓣 ···············

琴酒搭餐：食物與琴通寧的搭配

琴通寧：
五十磅琴酒＋
1724通寧水

食譜：
海鮮海藻冬粉

五十磅琴酒是一款甜琴酒，與海鮮的海味鹹味完美搭配，或可說是完美對比，加入海帶和海蘆筍也恰如其分。

做　法

將油醋醬的所有材料混合在一起，並放入可擠壓的醬料瓶中。

將乾燥的海帶芽浸泡在微溫的水中，瀝乾水份，然後與油醋醬混合。

用平底鍋或有蓋鐵板稍煎一下鳥蛤和淡菜。

汆燙冬粉後在流動的冷水中冷卻，再與海帶和油醋混合。幫生蠔和淡菜去殼，鳥蛤不去殼，然後將所有食材擺盤。

材　料

100克乾燥海帶芽 ⋯⋯⋯⋯⋯⋯

20顆鳥蛤 ⋯⋯⋯⋯⋯⋯⋯⋯⋯

20顆木樁養殖（Bouchot）淡菜 ⋯

150克冬粉 ⋯⋯⋯⋯⋯⋯⋯⋯⋯

4顆吉拉多（Gillardeau）生蠔 ⋯⋯⋯

12根新鮮芫荽 ⋯⋯⋯⋯⋯⋯⋯

芝麻鹽（白芝麻和黑芝麻混合加鹽）⋯

胡椒 ⋯⋯⋯⋯⋯⋯⋯⋯⋯⋯⋯

一塊奶油 ⋯⋯⋯⋯⋯⋯⋯⋯⋯

油醋醬

2大匙磨碎的新鮮生薑 ⋯⋯⋯⋯

2大匙壽司醋 ⋯⋯⋯⋯⋯⋯⋯

2大匙醬油 ⋯⋯⋯⋯⋯⋯⋯⋯

9大匙阿貝金納橄欖油 ⋯⋯⋯⋯⋯

少許麻油 ⋯⋯⋯⋯⋯⋯⋯⋯⋯

琴酒搭餐：食物與琴通寧的搭配

琴通寧：
紀凡花果香琴酒＋
芬味樹印度通寧水

食譜：
酸果汁漬肥肝佐蜜思嘉葡萄、葡萄乾、
伊比利火腿、麵包屑和小茴香

紀凡花果香琴酒的基底是白玉霓葡萄，這道菜使用的酸果汁（未成熟葡萄榨的汁）與琴酒完美搭配。肥肝的油脂被果汁的酸度所平衡，這道菜中還迴盪著葡萄（和葡萄乾）的風味。

做　法
製作麵包屑：用花生油將麵包塊與大蒜和迷迭香一起油炸，瀝乾油放兩天，然後將其粉碎成細碎的麵包屑。

生肥肝切片，在酸果汁中浸漬15分鐘，加入鹽和胡椒，葡萄乾和葡萄調味。

將肥肝放在餐盤上，用伊比利火腿、一大匙麵包屑、幾片小茴香葉裝飾，淋上少許葡萄汁和葡萄乾。

材　料
100克肥肝⋯⋯⋯⋯⋯⋯⋯⋯⋯⋯⋯⋯
200毫升酸果汁（未成熟葡萄榨的汁）⋯⋯⋯⋯⋯⋯⋯⋯⋯⋯⋯⋯⋯
胡椒和鹽⋯⋯⋯⋯⋯⋯⋯⋯⋯⋯⋯⋯
24粒黑葡萄乾⋯⋯⋯⋯⋯⋯⋯⋯⋯
12顆蜜思嘉葡萄，切成四等份⋯
4片伊比利火腿⋯⋯⋯⋯⋯⋯⋯⋯
少許新鮮的小茴香葉⋯⋯⋯⋯⋯

麵包屑
1小塊隔夜的白麵包，大致切成塊狀⋯⋯⋯⋯⋯⋯⋯⋯⋯⋯⋯
1瓣大蒜⋯⋯⋯⋯⋯⋯⋯⋯⋯⋯⋯⋯
1小根新鮮迷迭香⋯⋯⋯⋯⋯⋯⋯
1公升花生油⋯⋯⋯⋯⋯⋯⋯⋯⋯⋯

琴酒搭餐：食物與琴通寧的搭配

琴通寧：
瑪芮琴酒＋
1724通寧水

食譜：
去殼澤布呂赫蝦仁佐櫻桃番茄、
阿貝金納橄欖與羅勒

這款琴酒的香氣讓人聯想到許多成熟的番茄，因此食譜中的櫻桃番茄是完美的搭配，在蝦仁和琴酒間架起一座橋梁。瑪芮琴酒當中的藥草植物包括迷迭香、百里香、阿貝金納橄欖和羅勒。油醋醬中存在迷迭香和百里香的風味，最後一道裝飾是羅勒和橄欖，與琴通寧完美搭配。

做　法

首先製作油醋醬，將白酒醋及番茄、青蔥和新鮮藥草植物略微加熱至約50°C，浸漬15分鐘冷卻，然後過篩，再加入橄欖油。

將櫻桃番茄在沸水中汆燙一下，然後倒入一碗冰水中。在將番茄加入油醋醬前先幫番茄去皮。

將番茄擺盤，並點綴橄欖、蝦仁和羅勒葉。

材　料

20顆櫻桃番茄 ⋯⋯⋯⋯⋯⋯⋯⋯⋯⋯

16顆阿貝金納橄欖 ⋯⋯⋯⋯⋯⋯⋯⋯

100克煮熟的澤布呂赫（Zeebrugge）剝殼蝦仁 ⋯⋯⋯⋯⋯⋯⋯⋯⋯⋯⋯⋯

12支新鮮的小葉羅勒 ⋯⋯⋯⋯⋯⋯⋯

油醋醬

50毫升白酒醋 ⋯⋯⋯⋯⋯⋯⋯⋯⋯⋯

1顆去皮切碎的番茄 ⋯⋯⋯⋯⋯⋯⋯⋯

1支剝開切碎的蔥 ⋯⋯⋯⋯⋯⋯⋯⋯⋯

新鮮百里香（分量依口味調整）⋯⋯⋯

新鮮迷迭香（分量依口味調整）⋯⋯⋯

新鮮奧勒岡葉（分量依口味調整）⋯

60毫升阿貝金納橄欖油 ⋯⋯⋯⋯⋯⋯

琴酒搭餐：食物與琴通寧的搭配

琴酒：
藍色琴酒＋
梵提曼通寧水

食譜：
野鴨佐甜菜根、石榴、
丁香和黑胡椒

藍色琴酒的香料餘韻加上出人意表的土壤味，與野鴨、丁香和黑胡椒完美的融合，此款琴酒也用於本篇食譜。

做　法
將烤箱預熱至180°C，用大量的黑胡椒和丁香烹煮鴨菲力，然後在烤箱中烤約12分鐘，將石榴醋和藍色琴酒倒入平底鍋中，取出鴨菲力並保溫。

醬汁的最後一道手續是在鍋中加入牛骨高湯和一塊奶油。

用鹽和醋在水中煮甜菜根，煮透之後去皮，然後在鍋中加入少許奶油、糖和石榴醋重新加熱。

切片的鴨肉和甜菜根切片擺盤，最後淋上醬汁、一些石榴籽和一根新鮮薄荷，最後以新鮮磨碎的黑胡椒調味。

材　料
2塊野鴨菲力
黑胡椒（新鮮研磨）
2顆丁香
2大匙石榴醋
60毫升藍色琴酒
500毫升牛骨高湯
1塊奶油
8棵小甜菜根
少許鹽
2大匙蒸餾白醋
3大匙紅糖
1塊奶油
500毫升水
1顆新鮮石榴
4小根新鮮薄荷

琴酒：
菲利埃斯橘子季節版琴酒＋
梵提曼通寧水

食譜：
酸醃生鱸佐柑橘、
烤玉米和芫荽

這款季節版菲利埃斯琴酒用橘子製作，菲利埃斯橘子季節版琴酒帶有柔和的水果味，並帶有新鮮柳橙和橘子的清新香調。琴酒中的柑橘味透過這道菜中柑橘類水果的混合反映出來，同時又與酸醃生鱸完美搭配。

做　法
首先準備酸醃生鱸的醬汁，將棕櫚糖溶解在少量水中，接著加入萊姆皮屑、萊姆汁和橘子或柳橙汁。
將切碎的芫荽與葡萄籽油混合，製成芫荽油，過篩前先加熱至80°C。
去除鱸魚的深色肉部分，切成薄片。
將酸醃生鱸的醬汁分入上菜用的碗中，在上面擺上鱸魚片，最後加入芫荽油、紅洋蔥、辣椒和烤玉米。

材　料
280克上下的海鱸魚片…………
1根紅洋蔥，切碎備用…………
1根紅辣椒，切碎備用…………
少量烤玉米或脆玉米片（可至健康食品商店購買）…………
4顆金桔…………

芫荽油
1束新鮮芫荽…………
100毫升葡萄籽油…………

酸醃生鱸醬汁
1大匙棕櫚糖…………
1顆萊姆榨汁和萊姆皮屑…………
2顆橘子榨汁或1顆柳橙榨汁…………
3大匙阿貝金納橄欖油…………

琴酒搭餐：食物與琴通寧的搭配

琴酒：
蒙巴薩俱樂部琴酒＋
梵提曼通寧水

食譜：
白巧克力鮮奶油、葡萄柚、蒙巴薩俱樂部琴酒
義大利冰沙、八角、加拿大薑汁汽水和馬鞭草

琴酒在製作甜點時也很出色，這就是個好例子。這道甜點以蒙巴薩俱樂部琴酒為基底，帶香料味的義大利冰沙，平衡了濃郁的白巧克力鮮奶油。琴酒中的柑橘味因葡萄柚而增強，而八角和加拿大薑汁汽水（Canada Dry）的薑味則使香料味更加突出。

做　法

混合蛋黃和糖，牛奶和奶油一起加熱，再加入蛋黃混合物繼續加熱至85°C，然後加入泡軟的吉利丁片。將混合物過篩並過濾白巧克力錠，輕輕攪拌直至達到滑順的稠度，當溫度降至約40°C，便將其打發成輕柔的鮮奶油。

將所有用於義大利冰沙的材料混合在一個淺的防凍容器中，然後放進冰箱中，一小時後檢查，在形成冰晶狀態時用叉子將其攪散。

將白巧克力鮮奶油分配在四只雞尾酒杯中，將粉紅葡萄柚切成薄片，放置在鮮奶油上，最後放上義大利冰沙和幾根馬鞭草。

材　料

白巧克力鮮奶油

30克蛋黃 ⋯⋯⋯⋯⋯⋯⋯
12克白糖 ⋯⋯⋯⋯⋯⋯⋯
70毫升半脫脂牛奶 ⋯⋯⋯⋯⋯
70毫升鮮奶油（35%）⋯⋯⋯⋯
300克白巧克力（錠狀）⋯⋯⋯⋯⋯
3.5克吉利丁片 ⋯⋯⋯⋯⋯⋯
500毫升稍稍打發的鮮奶油
（35%）⋯⋯⋯⋯⋯⋯⋯⋯

義大利冰沙

250毫升加拿大薑汁汽水 ⋯⋯⋯
50毫升蒙巴薩俱樂部琴酒 ⋯⋯⋯
1顆八角 ⋯⋯⋯⋯⋯⋯⋯⋯
30毫升薑汁糖漿 ⋯⋯⋯⋯⋯
50毫升甜白酒 ⋯⋯⋯⋯⋯⋯
2顆粉紅葡萄柚 ⋯⋯⋯⋯⋯⋯
幾根新鮮的檸檬馬鞭草 ⋯⋯⋯⋯

琴酒搭餐：食物與琴通寧的搭配

18家必訪酒吧

STOLLEN 1930
奧地利─庫夫斯坦
www.auracher-loechl.at/de/bar-kufstein

　　庫夫斯坦（Kufstein, 位於提洛邦Tirol）可能是奧地利最小的城市之一，但此處是奧地利其中一處最豐富的琴酒收藏點，即Stollen 1930。這家酒吧收藏了528種不同類型的琴酒，甚至被列入金氏世界紀錄。著名的餐廳兼旅館：奧拉徹洛克爾（Auracher Löchl），他們的經理將酒店下方的黑暗隧道改建成供夜貓子和琴酒愛好者使用的時尚酒吧。進入Stollen 1930，你實際上會感覺像是身處1920／1930年代的場景，伴隨著音樂，立即使你想要點一杯經典雞尾酒或琴通寧。這家酒吧也很適合在滑雪後造訪。

BAR VOLTA GENT
比利時—根特
www.volta-gent.be

　　Bar Volta位於餐廳樓上，店名與過去的電力轉換站相同，並以電池的發明者亞歷山卓・伏特（Alessandro Volta）的名字命名。精力異常活躍，美食達到頂峰，室內時髦的裝潢令人耳目一新，爵士沙發音樂使這幅畫面更臻完美。此外，自開業以來，這家酒吧被認為是比利時的琴酒先驅之一，這要歸功於調酒師艾瑞克・維德胡斯（Eric Veldhuis）與曾經在Bar Volta工作的班・沃特斯（Ben Wouters），搖雞尾酒曾經是他們不可動搖的技能，但琴通寧卻成為他們新的召喚。這種美妙的哲學和偉大的琴酒酒單今日仍然存在，還有很多寶藏尚待挖掘。

CAFÉ AKOTEE
比利時—德漢
www.cafeeakotee.be

　　位於德漢（De Haan）的 Café Akotee 值得一訪 —— 僅是因為他們提供超過120款琴酒和20款通寧水。酒吧經理岡瑟・瓊克謝（Gunther Jonckheere，較耳熟能詳的名字是「鮑爾」）專業提供每一款琴酒，並且附帶必要的解說。Café Akotee 已經開業二十多年，它是地區琴通寧的熱門地點，定期舉辦琴酒品酒會。鮑爾一開始就是琴酒的粉絲，但在2011年一次研討會上，確實煽動「琴酒熱潮」的人是山姆・加斯沃西（Sam Galsworthy, 希普史密斯琴酒）、亨里克・哈默（天竺葵琴酒）和亞歷山大・史坦（猴子47琴酒）。隨後 Cáfée Akotee 便進行了幾處翻新，以應對迅速增多的琴酒收藏。鮑爾繼續在本地和國外探索琴酒的世界，才能以適當的方式向客戶提供最新的琴酒品項。無論你是外行人士還是經驗豐富的琴酒愛好者，鮑爾始終可以根據你的口味調製琴通寧，讓你眼睛一亮，並附帶每款琴酒的故事。

GILT
丹麥—哥本哈根
www.gilt.dk

　　Gilt是哥本哈根最受歡迎的酒吧之一，這家酒吧知道如何完美融合經典與現代的雞尾酒文化。酒單提供基於季節性的酒飲，包括加入漿果、植物根、堅果和水果的酒品。這家小酒吧證明了斯堪地納維亞的琴酒也在走上坡，琴通寧中調合了典型的丹麥成分，Gilt還用琴酒浸漬了各種藥草植物，包括薰衣草，所有的雞尾酒糖漿也都是自行生產。

GIN & TONIC BAR
德國─柏林
www.amanogroup.de/en/eat-drink/gin-tonic-bar

　　這家酒吧的名字裡有什麼？是的，沒錯，這家位於柏林阿瑪諾酒店（Amano Hotel）的酒吧供應一流的琴通寧。據 Gin & Tonic Bar 這家酒吧所稱，這款雞尾酒之王非常適合在下班後、搭配晚餐時或作為睡前助眠飲用。以琴酒為主角，你可以期待更多令人驚訝的創新。茶入琴通寧？沒錯，在柏林的 Gin & Tonic Bar，你可以嘗試這種非凡的搭配，首席調酒師史帝芬・雪德拉（Stjepan Sedlar）會確保你不會很快遺忘這種令人驚訝的搭配。

GOLDENE BAR
德國—慕尼黑
www.goldenebar.de

　　在這家屢獲殊榮的酒吧裡（包括2013年的Bar des Jahres，2012和2013年的Mixology Bar Award），高端感和搖滾樂攜手並進，該酒吧於2010年在「Haus der Kunst」（藝術屋）首席調酒師克勞斯‧史蒂芬‧雷納（Klaus Stephan Rainer）的管理下開業，在主廚邁克‧海德（Michael Heid）的指導下，經典和現代雞尾酒讓創新的美食理念更顯完整。這家頂級雞尾酒吧提供豐富的酒單，某種程度上隱藏在歷史悠久表像之後，而DJ裝置、衝浪者和名人則確保營造出熱烈的氛圍。克勞斯‧史蒂芬提出一個想法，在琴通寧中加入芬芳的自製調和茶葉，創造出一種琴通寧茶，許多調酒師也跟隨工作坊來開發自己的調和茶。當然值得一試的是「24h Ginmillo Tea」，這是一款以洋甘菊浸漬的琴酒（坦奎瑞十號琴酒Tanqueray N°10），再加入溫的芬味樹印度通寧水，最後加上糖。

THE GIN JOINT
希臘—雅典
www.theginjoint.gr

　　The Gin Joint位於雅典市中心活力四射的卡里奇廣場（Karytsi Square）娛樂城附近。在2011年的Xenia Fair上，這家受歡迎的琴酒酒吧獲選為Bar Academy Show的最佳酒吧。酒吧的氛圍和室內設計立即使你想起1930年代，同年代的音樂使你想立即來杯琴通寧。除了用許多優質烈酒調製而成的經典雞尾酒，Gin Joint的酒單上還提供來自世界各地的六十多款琴酒。2012年，調酒師瓦西里斯·基里西斯（Vasilis Kyritsis）贏得由帝亞吉歐珍選品牌舉辦的World Class世界調酒大賽希臘冠軍，賽事由世界上最著名的雞尾酒調酒師和酒保相互競爭。在The Gin Joint，你會喝到公認優質的琴通寧，喝到琴通寧應有的風味。

LISBONITA GIN BAR
葡萄牙—里斯本
www.tabernamoderna.com

　　Lisbonita Gin Bar酒吧是西班牙小吃餐廳La Taberna Moderna的其中一部分，室內主要由木材建構，讓人想起傳統的葡萄牙小酒館，但氛圍極為開放親切。餐點一流：傳統但帶有現代感，他們提供的琴酒也是一絕，當中有七十多種品項，如果你不知道選擇哪款琴酒，服務生會推薦一種，點一杯經典的琴通寧或菜單上沒有的雞尾酒，根據調酒師的靈感，他將為你調製出最美味的創作。而且別忘了在吧台裡點杯酒，因為光是看你最愛的琴通寧製作方法就值回票價了，一旦你喝過，我們相信那不會是你的最後一杯。

　　「完美的琴通寧不存在」，這句話寫在Bobby Gin的一面牆上，不過這家酒吧供應的琴通寧非常接近完美，這家超夯酒吧由屢屢獲獎的調酒師和卓越的酒保阿爾貝托・皮薩羅（Alberto Pizaro）管理，從最美味的琴通寧，到煙燻雞尾酒及各種藥草植物浸漬液，Bobby Gin是巴塞隆納每位琴酒愛好者必去的酒吧之一。復古風的內部溫暖而溫馨，當然可以試試「鮑比的春天」（Bobby's Spring）：這是以鮑比的春天（以各種琴酒浸漬木槿花和橄欖葉的自製風味酒）這款琴酒調製出的琴通寧，加入舒味思傳統印度通寧水，最後加入草莓和葡萄柚皮製成。

BRISTOL BAR*
西班牙—馬德里
www.bristolbar.es

老闆埃利（Ellie, 英國籍）和弗蘭（Fran, 西班牙籍）在他們的Bristol Bar體現了西班牙琴酒文化，提供的琴酒種類繁多，氣氛繁忙熱鬧。Bristol Bar內部的裝潢「老派」，吧台表面以黑白相間大理石裝飾，波爾多紅的真皮沙發，還有一幅真人大小的維多利亞女王肖像。但老派難道不算一種新潮嗎?!琴酒是這裡的日常，酒單上可以找到所有「非常嫌疑犯」，但也能挖到一些寶，最重要的是Bristol Bar擁有自己的琴酒和雞尾酒沙發酒吧Gintonize。你喜愛的琴通寧可以順利搭配西班牙風味的現代佳餚，如果太難選擇，（埃利）貝克的精選十大琴通寧將聊以安慰。你絕對該試試特為威廉王子和凱特王妃婚禮設計的「皇家粉紅伊什特調」（Royal Pink-Ish），這款琴通寧綜合了伊什琴酒、舒味思原味頂級通寧水和蔓越莓汁，最後加上萊姆和半顆草莓。

---

* 審訂註：已結束營業

PURE C
荷蘭—卡德贊德 Cadzand
www.strandhotel.eu

　　正是塞吉奧·赫爾曼（Sergio Herman, Oud Sluis***餐廳主廚）讓琴通寧這款調酒出現在法蘭德斯和荷蘭地圖上，早在2005年，塞吉奧或他當時的侍酒大師，每週都會去倫敦兩次，去檢驗亨利爵士琴酒，當時的酒吧和迪斯可舞廳只提供經典酒飲，塞爾奧還找到西班牙可以買到的各種琴酒。酒保兼調酒師維爾紐斯·巴卡提斯（Vainius Balcaitis）的靈感即是來自於塞吉奧調製雞尾酒的方法，將琴通寧與新鮮的藥草和香料混合。維爾紐斯以無拘無束的精力來測試極限，並以一種不協調的方式呈現他的作品。例如，以布雷肯草本琴酒（Brecon Botanicals Gin）加上芬味樹通寧水，搭配一只迷你麻布袋呈現，你可以從中加入額外的藥草植物，來個性化你的琴通寧。

TUNES BAR
荷蘭—阿姆斯特丹
www.conservatoriumhotel.com/
restaurants-and-bars/tunes-bar

　　Tunes Bar的裝潢很時髦,有一種閃耀的氛圍,是阿姆斯特丹熱鬧博物館區中一處優雅非正式的避難所,你將在這裡品嘗到獨特的香檳、獨家雞尾酒,和搭配適當清酒的美味壽司,但琴通寧是Tunes Bar真正的招牌酒飲,在這裡你可以從三十種不同類型的琴酒中選擇,每週三都會有新款琴通寧亮相。到了晚上,舒適的家具加上豐富的裝潢和幽微的燈光,營造出現代、時尚又私密的氛圍。位於康塞維托瑞姆酒店(Conservatorium Hotel)的Tunes Bar最近不僅被評為阿姆斯特丹最佳飯店酒吧,還獲得VENUEZ Hospitality & Style Awards的最佳時尚酒吧獎和最佳室內設計獎。

　　這家位於蘇活區的琴酒酒吧提供一百多款琴酒，整個吧台的長度幾乎完全被琴酒填滿，酒單（或稱「琴酒聖經」）上提供了有關他們供應的每款琴酒資訊。就他們的說法，Graphic Bar 擁有世界上最大的琴酒收藏，並致力於完美的琴通寧和馬丁尼：這兩種雞尾酒都不會掩蓋琴酒的風味。此外，你總是會發現每款琴酒都會搭配適當的通寧水和裝飾物。Graphic Bar 與藝術結合，室內的裝飾會定期更改，每一次都是由不同的時尚藝術家裝配而成。Graphic Bar 是倫敦最早的「琴酒熱潮」酒吧之一，他們很高興與伊比利亞半島的工作人員合作，將琴通寧提升到一個新的高度。

＊　審訂註：已結束營業。

　　這是擁有自我品牌琴酒的第一家酒吧，該款琴酒為波多貝羅路171號（Portobello Road N° 171），酒吧位於諾丁丘（Notting Hill）地區。外觀看似一家普通的英式酒吧，而且內部也不明顯像是一間真正的雞尾酒吧。持平說來，Portobello Star的內部裝潢非常像一般酒吧，但是雞尾酒和琴通寧的品質非常高，調酒師傑克·伯格（Jake Burger）絕對深諳其道。琴酒愛好者還可以預約「琴酒課程」，其中包括參觀迷你琴酒博物館，然後是全面瞭解琴酒歷史並介紹琴酒的發展，最後但最重要的是你將有機會嘗試自己的琴酒配方。

THE STAR AT NIGHT
英國—倫敦
www.thestaratnight.com

　　位於蘇活區中心的 The Star at Night 是成立於2012年3月的倫敦琴酒俱樂部（London Gin Club）的基地，酒吧本身則於1933年開業，並保留了許多原初的魅力，在酒吧中可以找到超過七十種琴酒酒款，包括他們自家的七面鐘倫敦干型琴酒。酒吧不斷尋找頂級琴酒和極頂級琴酒，你可以品嘗到這些酒款獨特的風味。毫無疑問，此酒吧的重點是品質，且「琴酒酒單」會一直保持更新。每種琴通寧都裝在氣球杯中，並搭配適當的通寧水和裝飾物。無可否認，他們的招牌琴酒是七面鐘琴酒搭配芬味樹印度通寧水和手工壓碎的冷凍覆盆子。

BATHTUB GIN & CO
美國—西雅圖
www.bathtubginseattle.com

　　位於西雅圖的Bathtub Gin & Co，坐落在貝爾敦
（Belltown）的漢弗萊公寓（Humphrey Apartments）地下
室中，這間小酒吧經過精心設計，以地下酒吧的風格
設計，於2009年在該建築物原來的鍋爐房中開設。這
家氣氛融洽的酒吧有很多層：樓上是一家小酒吧，內有
遍布世界各地的琴酒，樓下是舒適的長沙發和圖書室。
Bathtub Gin & Co是一家充滿愛意的酒吧（甚至還設有浴
缸！），雖然有些神祕，但供應完美呈現的雞尾酒和琴
通寧。酒吧名字指的是在禁酒令時期製造琴酒的浴缸。
店主馬庫斯・強森（Marcus Johnson）和潔西卡・吉福德
（Jessica Gifford）開設這家酒吧的真正原因是能為朋友倒
一杯完美的琴通寧，顯然他們有很多朋友，因為Bathtub
Gin & Co總是處於客滿狀態。

MADAME GENEVA *
美國—紐約
www.madamgeneva-nyc.com

　　這家酒吧以倫敦琴酒熱潮期間得到的琴酒暱稱命名，這個地方給人曼哈頓中心英國殖民主義的些微印象，尤其是位處包厘（Bowery）街區。酒吧彷彿19世紀新加坡總督的隱密房間。幽暗的沙發酒吧中裝飾側面鑲板、燈、角落的留聲機，撩人的氛圍為這家時尚酒吧錦上添花。這裡有許多舒適的角落，你可以選一處坐在燭光下深入討論你的琴通寧，那是因為琴通寧確實是主要招牌。在紐約沒有其他地方能找到更多、更美味的琴酒雞尾酒。經典琴通寧的愛好者肯定能在這裡找到適合的調酒，但是Madame Geneva更進一步，試試琴通寧配上芹菜的苦味和自製的小黃瓜通寧水。對那些真的想品嘗難忘酒飲的人，我們推薦其中一種琴酒和果醬製造的啤酒，不是音樂的即興合奏（jam），而是真的可食用的果醬，沒錯，Madame Geneva將英人琴酒與時令果醬調合在一起，還可以試試他們的輕食「夫人小點」（Madam's Treats），吃起來很下酒。

---

* 審訂註：已結束營業。

THE FLINTRIDGE PROPER
美國—拉肯亞達弗林楚奇
www.theproper.com

　　這家酒吧位於加州，更確切說的話是在拉肯亞達弗林楚奇（La Cañada Flintridge），這個小鎮並不以熱鬧的夜生活聞名，因此，至少根據業主的說法，這個郊區是世界上其中一個最大琴酒收藏的根據地，你可能會對這點感到驚訝。The Flintridge Proper 感覺就像一家私人俱樂部，進入餐廳後，你會來到一家看起來就像電影《大亨小傳》酒吧，立即發現酒吧後方堆疊了兩百多款琴酒。此外，The Flintridge Proper 還製造自己的琴酒：弗林楚奇原生植物琴酒（Flintridge Native Botanicals Gin），從主要生長於酒吧15公里範圍內的當地藥草植物蒸餾得來。如果琴酒不是你的菜，我們確定酒保會想方設法說服你，盡力使你成為琴酒的愛好者，相信我們他們很擅於此道。

琴酒百科

　　此列表提供目前在全球範圍內可取得的琴酒摘要，然而由於幾乎每週都會出現新的琴酒，所以該列表絕非完全沒有遺漏，而是反映當下情況，希望這份列表確實是你進行初步調查的有用工具。

註：

生產廠商通常會（刻意）含糊交代生產訊息，因此該列表也有其局限性。只有濃度40% ABV的琴酒才能入榜，因為這是我們特有的品質和熱情規範。

酒名	衍生產品	產地	酒精濃度（%）	年份	品牌／釀酒廠	藥草植物數量	（已知）藥草植物項目
1 & 9 GIN		法國	40		Distillerie Des Terres Rouges	10	杜松子、芫荽、鳶尾根、柳橙、肉桂
1836 RADERMACHER GIN		比利時	43		Radermacher	11	杜松子、香柑、檸檬皮、芫荽、歐白芷根、橙皮、小豆蔻、薰衣草、接骨木莓、肉桂和松樹
25 ELCKERLIJC SILVER EDITION GIN		比利時	40		Heynsquared VOF	5	杜松子、黑刺李、牛肝菌、尋石楠、寬葉羊角芹
5TH DISTILLED GIN	Fire - Red Fruits	西班牙	42		Destilleries del Maresme	4	藍莓、覆盆子、草莓、黑莓
	Wind - Floral		42		Destilleries del Maresme	4	花卉、香料和藥草植物元素
	Earth - Citrus		42		Destilleries del Maresme	4	葡萄柚、柳橙、橘子、檸檬
6 MOMENTS PREMIUM GI		比利時	40		De Moor Distillery	16	杜松子、歐白芷根、芫荽、肉桂、小豆蔻、胡椒、萊姆、甜橙、苦橙、鳶尾、甘草、肉豆蔻、丁香、薑、檸檬香蜂草、玫瑰
	6 Moments Gin Sense Unlimited		40			17	杜松子、歐白芷根、芫荽、肉桂、小豆蔻、黑胡椒、檸檬、柳橙、鳶尾根、甘草、肉豆蔻、丁香、薑、檸檬香蜂草、玫瑰和香茅
7D ESSENTIAL LONDON DRY GIN 0.7L		西班牙	41		Comercial S.A Tello	12	杜松子、苦橙、百里香、歐薄荷、肉桂、檸檬、洋甘菊、綠薄荷、甜橙、薰衣草、橘子、芫荽
7 DIALS GIN		英國	46			7	杜松子、芫荽、歐白芷根、藥蜀葵根、橘子、小豆蔻和杏仁
12 BRIDGES GIN		美國	45		Integrity Spirits/ Distillery Row	12	
12/11 GIN		西班牙	42.5	2011	Benevento Global/ Destilerías Liber	11	杜松子、橘子、玫瑰、鼠尾草、檸檬、歐白芷根、小豆蔻、芫荽、百里香、迷迭香
	12/11 Aurum Gin						額外加入：金箔

酒名	衍生產品	產地	酒精濃度（%）	年份	品牌／釀酒廠	藥草植物數量	（已知）藥草植物項目
ADLER BERLIN DRY GIN 0,7L		德國	42		Preußische Spirituosen Manufaktur	不明	杜松子、薰衣草、芫荽、薑和檸檬皮
	Adler's Reserve / KPM Edition		47				
ADNAMS DISTILLED GIN		英國	40	2010	Adnams Brewery	6	杜松子、鳶尾根、芫荽籽、小豆蔻、甜橙皮和木槿花 —— 查看更多網址：http://adnams.co.uk/spirits/our-spirits/distilled-gin/#sthash.ARyNwTPb.dpuf
	Adnams First Rate Gin 0.7L		48				
	Adnams Sloe Gin		26				
ALAMBICS GIN (13YO)		蘇格蘭	65.6		Alambics Classique	不明	
ALVERNA HOLY GIN		義大利	47		Sanuario della verna monastery	4	杜松子、柑橘、香薄荷、橙皮
AMATO WIESBADEN GIN		德國	43.7	2014	Manoamano Bar	不明	杜松子、芫荽、柑橘
AMSTERDAM DRY GIN GOLD		荷蘭	43		The Goldeen Arch D+G378istillery	不明	
ARCTIC VELVET PREMIUM GIN		格陵蘭／瑞士	40		ThoCon AG	25	杜松子、芫荽、葛縷子、肉豆蔻
ATOMIC GIN		比利時	40		Atomic Distillers / RC2	25	杜松子、多洛米蒂山藥草、西西里檸檬、橘子
AVIATION GIN		美國	42		The House Of Spirits distillery	不明	薰衣草、印度洋菝契
A.V. VAN WEES THREE CORNER GIN		荷蘭	42		Van Wees	2	杜松子和檸檬
BAHIA GIN		西班牙	40	2011	Kiskaarly S.L.	12	檸檬、甜橙、苦橙
BANKES GIN		英國	40		Langley Distillery	10	鳶尾、肉桂、芫荽、杜松子、肉豆蔻、檸檬皮、歐白芷根、甘草、桂皮、橙皮
BARBERS GIN		英國	40		Timbermill Distillery	4	杜松子、芫荽、百里香、歐白芷根
BARR HILL GIN		美國	45		Caledonia Spirits	不明	杜松子、蜂蜜
	Barr Hill Honey gin						
BAVARKA BAVARIAN GIN		德國	46		Lantenhammer Distillery	不明	
BAYSWATER GIN		西班牙	43		Casalbor	不明	杜松子、芫荽籽、歐白芷根、鳶尾粉、檸檬皮、橙皮、甘草、桂皮和肉豆蔻
BCN GIN		西班牙	40		Aquavida Llops	7	葡萄、迷迭香、柑橘、小茴香、無花果、杜松子、松枝
BECKETTS LONDON DRY GIN		英國	40			6	杜松子、萊姆、柳橙、芫荽、薄荷、鳶尾根
BEDROCK GIN		英國	40		Spirit Of The Lakes	9	杜松子、歐白芷根、歐白芷根籽、芫荽籽、甘草、杏仁、鳶尾根、塞維亞柳橙和檸檬皮

酒名	衍生產品	產地	酒精濃度（%）	年份	品牌／釀酒廠	藥草植物數量	（已知）藥草植物項目
BEEFEATER		英國	45		Pernod Ricard/ Beefeater Distillery	9	
	Beefeater'24		43			12	
	Beefeater's Burrough's Reserve			2013			
	WET by Beefeater		43				
	Beefeater London Market (Limited Edition)		40				
BELGIN FRESH HOP		比利時	40		VDS	4	新鮮啤酒花、杜松子、芫荽、檸檬皮
	Belgin Ultra 13		41.4		VDS	13	杜松子、丁香、歐白芷根、柳橙、香柑、香草、肉桂、龍膽根、檸檬皮、萊姆皮、小豆蔻、新鮮啤酒花、芫荽
BELLRINGER GIN		美國	47		Frank-Lin Distillers Products Ltd	不明	
BERKELEY SQUARE GIN	Berkeley Square Still No. 8 Release Small Batch Gin	英國	40		G&J Greenall	8	杜松子、芫荽、羅勒、歐白芷根、薰衣草、尾胡椒、泰國青檸葉和鼠尾草
	Berkeley Square Slow 48 Hour Distilled Gin		40		G&J Greenall	不明	杜松子、羅勒、薰衣草、泰國青檸
BIERCÉE GIN		比利時	44		Biercée	18	罌粟花、可可、新鮮水果、杜松子、丁香、啤酒花、牛膝草、香葵、歐白芷根、孜然、小茴香、芫荽、麥芽酒、香草、薰衣草、茴芹
BIG GIN		美國	47		Captive Spirits	9	杜松子、芫荽、苦橙皮、天堂籽、歐白芷根、桂皮、小豆蔻、鳶尾、塔斯馬尼亞山胡椒莓
	BIG Gin Bourbon Barreled		47				
BIG BEN DELUXE LONDON DRY GIN		印度	42.8		Mohan Meakin Ltd/ Solan brewery	不明	
BILBERRY BLACK HEART'S GIN		美國	45		Journeyman Distillery	9	杜松子、山桑子
BLACK GIN		德國	45		Gansloser Distillerie	74	
	Black Gin Distiller's Cut		60				
BLACK GIN	Black Gin Edition 1905		45				
	Red Gin Edition		40	2015			
BLACK DEATH GIN		英國	40		G&J Greenall	不明	

酒名	衍生產品	產地	酒精濃度（%）	年份	品牌 / 釀酒廠	藥草植物數量	（已知）藥草植物項目
BLACKWOOD'S VINTAGE DRY GIN		英國昔得蘭群島	40		Blavod Drinks Ltd	13	生水薄荷、歐白芷根、海石竹、杜松子、繡線菊、芫荽、肉桂、甘草、柑橘皮、肉豆蔻、鳶尾根、紫羅蘭花、薑黃
	Blackwood's Vintage Dry Gin		60				
BLADE GIN			47		Old World Spirits	5	小豆蔻、杜松子、檸檬皮、橙皮和胡椒
BLANC OCEAN/TIDES GIN		西班牙	40		Blanc Gastronomy	11	杜松子、龍膽、芫荽、歐白芷根、檸檬馬鞭草、肉桂、柳橙、檸檬、苦橙、香柑和鹽角草
BLEU D'ARGENT GIN		法國	40		GCF	9	杜松子、柑橘
BLIND TIGER GIN		比利時	47		Deluxe Distillery	12	杜松子、芫荽籽、甘草根、檸檬皮、橙花、綠色小豆蔻、薑、辣根、鳶尾根、歐白芷根、尾胡椒
BLOOM PREMIUM LONDON DRY GIN		英國	40		GJ Greenall's	4	杜松子、忍冬、洋甘菊和柚子
BLOOMSBURY	Lemon	英國	45		Bloomsbury Wine & Spirit	不明	
	Orange		45				
BLUE GIN		奧地利	43		Reisetbauer	27	檸檬皮、歐白芷根、芫荽籽、薑黃、甘草
BLUECOAT GIN		美國	47	2007	Philadelphia Distilling	機密	杜松子、橙皮、檸檬皮、第三種柑橘—「大於 6 小於 20」
	Bluecoat Barrel Reserve		47				
BOBBY'S GIN		荷蘭	42		Herman Jansen	8	杜松子、丁香、芫荽、香茅、肉桂、尾胡椒、小茴香、玫瑰果
BOË SUPERIOR GIN		蘇格蘭	47		VC2 brands	14	杜松子、芫荽、歐白芷根、薑、鳶尾根、桂皮、中國肉桂、天堂籽、柳橙和檸檬皮、小豆蔻籽、甘草、杏仁、尾胡椒
BOMBAY SAPPHIRE		英國	40	1987	Bacardi-Martini/ G&J Greenall	10	杏仁、檸檬皮、甘草、杜松子、鳶尾根、歐白芷根、芫荽、桂皮、尾胡椒和天堂椒
	Bombay Dry		40	2010			
	Bombay Sapphire East		42	2012		12	額外：香茅、越南胡椒
	Star of Bombay		47	2015		10	新成分：香柑、香葵籽
BONNIE&CLYDE GIN		比利時	44/47.7	2014		不明	麥芽、小麥、柑橘 / 麥芽杜松子
BOODLES GIN		英國	40		Proximo Spirits/ G&J Greenall	9	杜松子、芫荽籽、歐白芷根、歐白芷根籽、桂皮、葛縷子、肉豆蔻、迷迭香、鼠尾草
BOOTLEGGER 21 NEW YORK GIN		美國	47		Prohibition Distillery	5	杜松子、芫荽、檸檬馬鞭草、鳶尾根、苦橙
BORDIGA DRY GIN		義大利	42		Cav. Pietro Bordiga	8	杜松子、芫荽、小豆蔻、百里香、柑橘
	Bordiga Smoke Gin		42				
	Bordiga Rose Gin		42				

酒名	衍生產品	產地	酒精濃度（%）	年份	品牌／釀酒廠	藥草植物數量	（已知）藥草植物項目
BOTANIC PREMIUM LONDON DRY GIN			40		Williams & Hurbert/Langley Distillery	14	香柑、杜松子、橘子、百里香、芫荽、檸檬、肉桂、歐薄荷、洋甘菊、八角、甜橙蘋果、杏仁、小豆蔻、芒果
	Botanic Ultra Premium London Dry Gin 0,7L		45				
BOTANICAL AND HOPPY GIN		丹麥	44		Mikkeller Spirits/ Braunstein Distillery	不明	杜松子、香茅、歐白芷根、小豆蔻、柳橙、啤酒花
BOTH'S OLD TOM GIN		德國	47		Haromex / The Both Distillery	不明	
BOUDIER GIN		法國	40		Gabriel Boudier	不明	
	Boudier Sloe Gin		25				
BOXER GIN		英國	40		Green Box Drinks	11	杜松子、甜檸檬、甜橙、歐白芷根、鳶尾根、甘草根、肉桂、桂皮、肉豆蔻、芫荽、香柑
BRECON SPECIAL RESERVE GIN		英國	40		Penderyn Distillery	11	威爾斯烈酒、杜松子、橙皮、桂皮、甘草、肉桂皮、歐白芷根、肉豆蔻、芫荽籽、檸檬皮、鳶尾根
BREILPUR LONDON DRY GIN		瑞士	45		Breil Pur SA	不明	杜松子、阿爾卑斯杜鵑、巧克力薄荷
	Breilpur Sloe Gin						
BRIDGE GIN		西班牙	38		Montana Perucchi	6	杜松子、芫荽、薑、小豆蔻、孜然、橙皮
BROCKMANS GIN		英國	40		Brockmans Distillery	10	杜松子、芫荽、藍莓、黑莓、橙皮
BROKEN HEART GIN		紐西蘭	40		Broken heart Spirits	11	柑橘、迷迭香、杜松子
BROKER'S PREMIUM LONDON DRY GIN		英國	40		Broker's Gin Ltd/ Langley Distillery	10	杜松子、芫荽、歐白芷根、鳶尾根、桂皮、肉桂、甘草、肉豆蔻、橙皮、檸檬皮
BROOKLYN GIN		美國	40		Brooklyn Craft Works	2	杜松子、柑橘
BRUUT! GIN		比利時		2014	Spirits By Design	不明	
BULLDOG GIN		英國	40	2006	Bulldog Gin Company/ G&J Greenall	12	杜松子、火龍果、罌粟、薰衣草、荷葉、芫荽、歐白芷根、鳶尾根、桂皮、杏仁、甘草、檸檬皮
	Bulldog Gin Extra Bold		47				
BURLEIGH'S LONDON DRY GIN		英國	40		45 West Distillers	11	垂枝樺、蒲公英、牛蒡、接骨木莓、鳶尾、杜松子
	Burleigh's Navy Strength Gin						
	Burleigh's Distillers Cut Gin						
BUTLER'S GIN		英國	40		Ross William Butler	10	杜松子、新鮮香茅、小豆蔻、芫荽、丁香、肉桂、八角、小茴香、檸檬和萊姆

酒名	衍生產品	產地	酒精濃度（%）	年份	品牌／釀酒廠	藥草植物數量	（已知）藥草植物項目
CADENHEAD'S CLASSIC GIN			50				
CADENHEAD'S OLD RAJ		蘇格蘭	46		WM Cadenhead's	不明	杜松子、番紅花
	Cadenhead's Sloe Gin		46				
	Cadenhead's Old Raj		55				
CAORUNN SMALL BATCH GIN		蘇格蘭	41.8		Balmenach Distillery	6	杜松子、歐洲山梨、帚石楠、香楊梅、蒲公英、蘋果
CAP ROCK ORGANIC GIN		美國	41		Peak Spirits	12	杜松子、蘋果、薰衣草、玫瑰
CARDINAL GIN		美國	42	2010	Southern Artisan Spirits	11	歐白芷根、杏仁、小豆蔻、丁香、芫荽、乳香、杜松子、薄荷、柳橙、鳶尾根、綠薄荷
	Cardinal Barrel Rested		42	2013			
CASTLE GIN	The First	瑞士	43		MQ Wines	不明	
	The Roses		43				
CHASE ELEGANT CRISP GIN			48		Chase Distillery	10	杜松子、芫荽、歐白芷根、甘草、鳶尾、柳橙、檸檬、啤酒花、接骨木花和布拉姆利蘋果
	Extra Dry Gin		40			10	杜松子、肉桂、肉豆蔻、薑、杏仁、芫荽、小豆蔻、丁香、甘草和檸檬
	Seville Orange Gin						
	Summer Fruit Cup						接骨木花、覆盆子和黑醋栗
CHIEF GOWANU NEW-NETHERLAND GIN		美國	44	2013	New York Distilling Company		杜松子、cluster（品種名）啤酒花
CINDERELLA GIN		比利時	40	2014	Jan Broer/ Heynsquared VOF	9	漢莊魚腥草、刺蓼、泰國青檸、杜松子、腎果薺
CITADELLE GIN		法國	44	1998	Cognac Ferrand	19	杜松子、芫荽、杏仁、桂皮、小豆蔻、天堂籽、紫羅蘭、小茴香、肉桂
	Citadelle Réserve Gin (6-9MO)		44.7	2008			
CITY OF LONDON DRY GIN		英國	40	2012	City of London Distillery	7	杜松子、芫荽籽、歐白芷根、甘草根和新鮮柳橙、檸檬和粉紅葡萄柚
	City of London 'Square Mile Gin'		40+				
COCKNEY'S GIN		比利時	44.2	2013	VDS	15	杜松子、芫荽、歐白芷根、孜然、天堂籽、甘草、香柚、柚子、苦橙
COLD RIVER TRADITIONAL GIN		美國	47	2010	Maine Distilleries	7	杜松子、芫荽、檸檬皮、橙皮、鳶尾根、歐白芷根和小豆蔻
COOL GIN		西班牙	42.5	2011	Benevento Global/ Destilerías Liber	12	
COPPERHEAD GIN		比利時	40	2014	Filliers Grain Distillery	5	歐白芷根、杜松子、小豆蔻、橙皮、芫荽

酒名	衍生產品	產地	酒精濃度（%）	年份	品牌／釀酒廠	藥草植物數量	（已知）藥草植物項目
CORSAIR ARTISAN GIN		美國	46		Corsair Artisan Distillery	不明	歐白芷根、芫荽、杜松子、檸檬、柳橙、鳶尾根
	Corsair Barrel Aged Gin (3M)						
COTSWOLDS DRY GIN		英國	46		The Cotswolds Distillery	9	杜松子、芫荽、歐白芷根、薰衣草、葡萄柚、萊姆、黑胡椒、小豆蔻、月桂葉
COVENT GARDEN PREMIUM LONDON DRY GIN		英國	42			16	
CRATER LAKE GIN		美國	47.5		Bendistillery	不明	
CREAM GIN		英國	43.8		Whistling Shop/ Master of Malt	不明	
CREMORNE 1859 COLONEL FOX DRY GIN		英國	40		Cask Liquid Marketing/ Thames Distillery	6	杜松子、芫荽、歐白芷根、桂皮、甘草和苦橙皮
D1 DARINGLY GIN		英國	40		D.J. Limbrey Distilling Company	不明	杜松子、芫荽、柑橘皮、蕁麻
DACTARI ORIGINAL GERMAN GIN		德國	40		Dactari Fine Nature Products	不明	
DAMRAK GIN		荷蘭	41.3		Bols	17	杜松子、柑橘、忍冬
DANCING PINE GIN		美國	40		Dancing Pine Distillery	6	
DARNLEY'S VIEW GIN		蘇格蘭	40	2010	Wemyss Whisky Company	6	杜松子、檸檬皮、芫荽籽、歐白芷根、接骨木花和鳶尾根
	Darnley's View Spiced Gin		42.7	2012			
DARNLEY'S VIEW GIN		荷蘭	48		Hooghoudt Distillery	不明	
DEATH'S DOOR GIN		美國	47		Death's Door Spirits	3	杜松子、芫荽和小茴香
DESERT JUNIPER GIN		美國	41	1998	Desert Juniper Company/ Bendistillery	不明	
DH KRAHN GIN		美國	40		American Gin Company	6	芫荽籽、高良薑、葡萄柚、杜松子、檸檬皮和橙皮
(DICTADOR) COLOMBIAN AGED GIN	White	哥倫比亞	43	2013	Destileria Columbiana	不明	
	Dark / Gold		43	2013			
DINGLE GIN		愛爾蘭	42.5	2013	Dingle Distillery	不明	杜松子、歐洲山梨果、歐白芷根、芫荽、歐洲山梨、吊鐘花、香楊梅、帚石楠、細菜香芹和山楂
DIPLOME DRY GIN		法國	44		BeBoDrinks	不明	杜松子、芫荽、整顆檸檬、橙皮、歐白芷根、番紅花、鳶尾根、小茴香
DODD'S LONDON DRY GIN		英國	49.9	2014	The London Distillery Company	8	杜松子、歐白芷、鮮萊姆、月桂、綠色和黑色的小豆蔻、紅覆盆子、蜂蜜

酒名	衍生產品	產地	酒精濃度（%）	年份	品牌／釀酒廠	藥草植物數量	（已知）藥草植物項目
DOL GIN		義大利	45	2014	Plunhof		
DOORNKAAT GERMAN DRY GIN		德國	44		Berentzen Gruppe	不明	杜松子、檸檬、芫荽、薰衣草
DOROTHY PARKER GIN		美國	40	2013	New York Distilling Company	不明	接骨木莓、乾木槿花瓣、肉桂和柑橘
DOUBLE YOU GIN		比利時	43.7	2013	Brouwerij Wilderen	21	杜松子、啤酒花、玫瑰、花朵、芫荽
D.R.K.N.S.S. GIN		比利時		2015		8	杜松子、麥芽、啤酒花、可可、柳橙、橘子、小茴香、罌粟
DRY FLY GIN		美國	40	2007	Dry Fly Distilling	不明	蘋果、薄荷、杜松子、啤酒花
DUIN GIN		比利時	43	2015	Mr Swing / Spirits By Design	6	杜松子、薰衣草、小豆蔻、歐白芷根、鳶尾、沙棘
EDGERTON ORIGINAL PINK DRY GIN		英國	47		Edgerton Distillers Ltd	14	石榴、芫荽、歐白芷根、杜松子、鳶尾根、甜橙皮、桂皮、肉豆蔻、達米阿那藥草、天堂籽
EDINBURGH GIN		蘇格蘭	43		Spencerfield	9	杜松子、芫荽、歐白芷根、鳶尾根、檸檬皮、松果帚石楠、薊
	Raspberry Gin						
	Elderflower						
ELEPHANT GIN		德國	45		Robin Gerlach, Tessa Wienker, Henry Palmer	14	杜松子、桂皮、柳橙、薑、薰衣草、接骨木莓、多香果、蘋果、松針、猢猻木果、南非香葉木、獅尾花、魔鬼爪
ENTROPIA GIN		西班牙	40		Entropia Liquors	不明	杜松子、芫荽、人參、瓜拿納、木槿、橙皮、檸檬、甘草根、肉豆蔻
ETHEREAL GIN		美國	43		Berkshire Mountain Distillers	不明	每批都會更換成分
ET ALORS PREMIUM GIN		比利時		2014		23	
EVER GIN		西班牙	43			9	杜松子、迷迭香、歐薄荷、柳橙和檸檬皮、歐白芷根、小豆蔻、芫荽
FAHRENHEIT GIN		法國	40		Gabriel Boudier	不明	杜松子、芫荽、柳橙和檸檬皮、歐白芷根籽、鳶尾、小茴香
FARMER'S ORGANIC GIN		美國	46.7		Crop Harvest Earth Co	機密	杜松子、接骨木花、香茅、芫荽、歐白芷根
FEEL! MUNICH DRY		德國	46		Korbinian Achternbusch	17	
FERDINAND SAAR DRY GIN		德國	44		Avadis Distillery/ Capulet & Montague LTD		杜松子、薰衣草、百里香、黑刺李、薔薇果、啤酒花、玫瑰、杏仁殼、芫荽、薑
	Ferdinand Goldcap Gin		49				
	Ferdinand Quincy Gin		30				

酒名	衍生產品	產地	酒精濃度（%）	年份	品牌／釀酒廠	藥草植物數量	（已知）藥草植物項目
FEW AMERICAN GIN		美國	40	2011	FEW Spirits	11	杜松子、柑橘（檸檬和柳橙皮）、大溪地香草、桂皮、天堂籽、自產啤酒花
	Barrel Aged Gin (4MO)		46.5				
FG 20-3		比利時	46	2012	Stokerij De Moor	23	
	The oriGIN		49.3		De Moor Distillery	23	
FIFTY POUNDS GIN		英國	43.5		Fifty Pounds Co	不明	杜松子、芫荽、香薄荷、天堂籽、柳橙和檸檬皮、甘草、歐白芷根
FILLIERS DRY GIN 28		比利時	46		Filliers Graanstokerij	28	
	Filliers Dry Gin 28 Tangerine Seasonal Edition		43.7				
FINSBURY PLATINUM DRY GIN		英國	47		Borco International/ Langley Distillery	不明	
FORDS LONDON DRY GIN		英國	45		The 86 Co/ Thames Distillers	9	杜松子、檸檬皮、柚子、茉莉
FOREST DRY GIN	Autumn	比利時	42			不明	梨、薰衣草、橘子
	Winter		45			不明	
	Spring		42			24	梨、橘子、玫瑰花瓣、杜松子、柑橘、芫荽
	Summer		45			不明	血橙、香柑精油、薑
FOXDENTON DRY GIN		英國	48	2009	Foxdenton Estate Company	不明	杜松子、歐白芷根、鳶尾根、芫荽籽、檸檬皮、萊姆花
	Foxdenton Blackjack Gin						
	Foxdenton Raspberry Gin						
	Foxdenton Damson Gin						
	Foxdenton Sloe Gin						
G&CIN		西班牙	40		Destilerías Acha	不明	
G/10		法國	40		Hervé Erard Spirits	10	
G-VINE	Floraison	法國	40		EuroWineGate	10	葡萄花、杜松子、薑、甘草、桂皮、綠色小豆蔻、芫荽、尾胡椒、肉豆蔻、萊姆
	Nouaison		43.9			10	葡萄花、杜松子、薑、甘草、桂皮、綠色小豆蔻、芫荽、尾胡椒、肉豆蔻、萊姆
GALE FORCE GIN		美國	44.4		Triple Eight Distillery	不明	八角、桂皮、杜松子、檸檬、香茅、薄荷、柳橙
GENIUS GIN		美國	45		Genius Liquid	不明	杜松子、小豆蔻、芫荽、萊姆皮屑、薰衣草、泰國青檸葉
	Navy Strength		57			不明	

酒名	衍生產品	產地	酒精濃度（%）	年份	品牌／釀酒廠	藥草植物數量	（已知）藥草植物項目
GERANIUM GIN		英國	44		Hammer & Son	不明	杜松子、香葉天竺葵、芫荽、檸檬皮、歐白芷根、鳶尾根、八角、肉桂
	Geranium 55 Gin						
GET BACK GIN	Blue Gin	西班牙	40		Destilerías Acha	不明	
	Pink Gin		40				
GILPIN'S EXTRA DRY GIN		英國	47		Westmorland Spirits Ltd	6	杜松子、鼠尾草、琉璃苣、3 柑橘皮
GILT GIN		蘇格蘭	40		Gilt Gin Co	不明	
GILT SINGLE MALT SCOTTISH GIN		蘇格蘭	40		Gilt Gin Co/ Strathleven Distillers	不明	
GIN BELET		比利時					
GIN DEL PROFESSORE		義大利			Jerry Thomas Project		
GIN MARE		西班牙	42.7		Global Premium Brands	5	杜松子、百里香、羅勒、迷迭香、橄欖
GIN SEA		西班牙	40		Manuel Barrientos	10	杜松子、小豆蔻、芫荽、百里香、洋甘菊、甘草、歐薄荷、檸檬、甜橙、苦橙
GIN SUL		德國	43		Altonaer Spirituosen	不明	杜松子、芫荽、迷迭香、檸檬、薰衣草、小豆蔻、辣椒、半日花
GINA GIN		西班牙	40		Worldskyandarts	4	杜松子、芫荽
GINIE GIN LIQUEUR		德國	35		Edelbrennerei Scheibel		
GINIU		義大利		2013		7	杜松子、蠟菊、黑醋栗、香桃木、迷迭香、月桂葉
GINSELF		西班牙	40		Gin Al Punto	9	甜橙、苦橙、檸檬皮、歐白芷根、歐白芷根籽、橙花、油莎草、杜松子、橘子
GLORIOUS GIN		美國	45	2010	Breuckelen Distilling	5	杜松子、檸檬、迷迭香、薑、葡萄柚
GOA GIN		英國	47		World Wide Distillers	8	杜松子、芫荽、葛縷子、歐白芷根、肉豆蔻
GOLD 999.9		西班牙	40		The Water Company	10	橘子、杏仁、薑、紫羅蘭、芫荽、歐白芷根、肉桂、龍膽、罌粟、杜松子
GOLDEN MOON GIN		美國	45		Golden Moon Distillery	不明	
GOODMANS GIN		荷蘭	44	2014	Paul & Gerda de Goede	不明	
GRANIT BAVARIAN GIN		德國	42	2015	Brennerei Penninger	28	杜松子、檸檬皮屑、芫荽、小豆蔻、檸檬香蜂草、繖形花、龍膽
GREENALL'S LONDON DRY GIN		英國	40	1760	G&J Greenall Distillers	8	杜松子、芫荽、檸檬皮、歐白芷根、鳶尾、甘草、桂皮、苦杏仁
GREENBRIER GIN		美國	40		Smooth Ambler Spirits	不明	柑橘皮、杜松子、胡椒
GREEN HAT GIN		美國	41.1		New Columbia Distillers	不明	杜松子、柑橘、芫荽、天堂籽、西洋芹籽

酒名	衍生產品	產地	酒精濃度（%）	年份	品牌／釀酒廠	藥草植物數量	（已知）藥草植物項目
GREYLOCK GIN		美國	40		Berkshire Mountain Distillers	7	
GROUND CONTROL GIN		比利時	45	2015	Open Up Distillery	30	
GUGLHOF ALPIN GIN		奧地利	42	2010	Brennerei Guglhof	不明	黑莓、麵包莓、阿爾卑斯杜鵑
HANA GIN		美國	40		Branded Spirits	不明	
HANAMI DRY GIN		荷蘭	43	2014	The Melchers Group	9	杜松子、日本櫻花
HASWELL LONDON DRY GIN		英國	47		Rainbow Chaser Ltd	9	杜松子、歐白芷根、芫荽、香薄荷、檸檬皮、天堂籽、苦橙皮、甜橙皮、甘草
HAYMAN'S LONDON DRY GIN		英國	40		Hayman Distillers	10	不明
	Hayman's 1820 Gin Liqueur		40				
	Hayman's 1850 Reserve Gin (5WO)		40				
	Hayman's Old Tom Gin		40				
	Hayman's City of London		40				
	Hayman's Royal Dock Gin		57				
	Hayman's Sloe Gin		26				
HEAVEN&HELL GIN		比利時	41.6	2014	Serge Hannecaert	不明	
HENDRICK'S GIN		蘇格蘭	41.5		William Grant & Sons Ltd	11	額外加入：玫瑰花瓣與小黃瓜浸漬液
HENTHO GIN		比利時	44	2014	Hendrik & Thomas Coenen	12	
HERNÖ GIN		瑞典	40.5	2012	Hernö Brenneri	8	杜松子、芫荽、繡線菊、桂皮、黑胡椒、香草、檸檬皮、越橘
	Hernö Navy Strength		57	2013			
	Hernö Juniper Cask Gin			2013			
	Hernö Old Tom Gin						
HOXTON GIN		英國	43		Gerry Calabrese	不明	椰子、葡萄柚、杜松子、鳶尾、龍蒿、薑
SPIRIT OF HVEN ORGANIC GIN		瑞典	40		Spirit of Hven Distillery	不明	杜松子、天堂籽、柑橘、花椒、八角、天堂椒
IBZ PREMIUM GIN		西班牙	38		Familia Mari Mayans	不明	杜松子、迷迭香、百里香、柑橘
IMAGIN		瑞典	40	2011	Facile & Co	12	
INDIAN SUMMER GIN		蘇格蘭	46		Duncan Taylor Ltd	不明	杜松子、番紅花

酒名	衍生產品	產地	酒精濃度（%）	年份	品牌／釀酒廠	藥草植物數量	（已知）藥草植物項目
INVERROCHE GIN CLASSIC		南非	43		Inverroche Distillary	不明	
	Inverroche Gin Verdant		43			不明	
	Inverroche Gin Amber		43			不明	
ISFJORD ARCTIC GIN		格陵蘭	44	2007	Isjford Distillery	12	杜松子、歐白芷根、香茅、小豆蔻、柳橙
ISH LONDON DRY GIN		西班牙	41		The Poshmakers	11	杜松子、芫荽籽、歐白芷根、杏仁、鳶尾根、肉豆蔻、肉桂、桂皮、甘草、檸檬、橙皮
	Ish Limed London Dry Gin		41				
JENSEN'S BERMONDSEY GIN		英國	43		Bermondsey Gin Ltd	不明	芫荽、鳶尾根、歐白芷根、甘草、杜松子
	Jensen's Old Tom Gin		43				
JINZU GIN		英國	41.3	2013	Dee Davies/ Cameron Bridge Gin Distillery		杜松子、芫荽、日本藥草
JODHPUR		英國	43		Beveland Distillers	13	歐白芷根、苦杏仁、芫荽、桂皮、杜松子、檸檬皮、甘草根、鳶尾根、橙皮、薑、柚子皮
	Jodhpur Reserve (2YO)		43				
JOSEPHINE GIN		法國	40		Camus Cognac	不明	
JUDGES LONDON DRY GIN		英國	40		Cale distillers	不明	
JUNIPER GREEN ORGANIC		英國	43		Organics Spirits Co/ Thames Distillers	4	杜松子、芫荽、香薄荷、歐白芷根
JUNIPERO GIN		美國	49.3	1996	Anchor Distilling Company	機密	
K-25		西班牙	45		Destilerías Acha	不明	
KIMERUD GIN		挪威	47		Family Johnsen	20	杜松子、芫荽、檸檬皮、胡桃、薄荷、玫瑰根
KING OF SOHO GIN		英國	42		West And Drinks Ltd Thames Distillers	12	
KINROSS GIN SPECIAL SELECTION		西班牙	37.5		Teichenné Liqueurs	不明	
	Citric & Dry		40			8	杜松子、芫荽、小豆蔻、柳橙、肉桂、歐白芷根、檸檬皮屑、鳶尾
	Wild Berry Fruits		40			7	杜松子、芫荽、小豆蔻、柳橙、檸檬、覆盆子、歐白芷根
	Tropical Exotic Fruits		40			11	杜松子、芫荽、小豆蔻、柳橙、芒果、歐白芷根、檸檬皮屑、柚子、香柚、鳳梨、百香果
KNOCKEEN HEATHER GIN		英國	47.3		Knockeen Hills	不明	帚石楠、杜松子、芫荽、歐白芷根、香薄荷
	Knockeen Hills Elder flower Gin		43				
KOVAL GIN		德國	47		Koval Distillery	不明	

405

酒名	衍生產品	產地	酒精濃度（%）	年份	品牌／釀酒廠	藥草植物數量	（已知）藥草植物項目
KRAAIKE GIN		比利時	40	2014	Craywinckelhof	不明	
LACLIE FRERES GIN		法國	48		Maison René Laclie	不明	
LANGLEY'S NO. 8 DISTILLED LONDON GIN		英國	44		Langley Distillery	8	杜松子、肉豆蔻、芫荽、柳橙、檸檬、桂皮
LANGTONS NO.1 GIN		英國	40	2012	Tim Moor & Nick Dymoke-Marr/ G&J Distillers	11	
LARIOS (12) PREMIUM GIN		西班牙	40		Beam Global	12	杜松子、肉豆蔻、歐白芷根、芫荽、地中海檸檬、柳橙、橘子、柑、克萊蒙橙、葡萄柚、萊姆、橙花
LARKS GODFATHER GIN		奧地利	40		Lark Distillery	不明	杜松子、胡椒莓
LEBENSSTERN DRY GIN		德國	43		Lebensstern Bar/ Freihof Distillery	不明	
	Lebensstern Pink Gin		43				
LEOPOLD'S AMERICAN SMALL BATCH GIN		美國	40	2002	Leopold Brothers	5	杜松子、芫荽、鳶尾根、加州柚子、瓦倫西亞柳橙
LEVEL PREMIUM GIN		西班牙	44		Teichenné	8	
LIBERATOR SMALL BATCH GIN		美國	42		Valentine Distilling	9	
LIGHTHOUSE BATCH DISTILLED GIN		紐西蘭	42		Greytown Fine Distillates	9	機密
	Hawthorn Edition		57				
LOBSTAR MARIN GIN		比利時	40	2014	Kristof Marrannes/ Sprirrits By Design	不明	螯蝦、杜松子
LONDON HILL DRY GIN		英國	43	1785	Ian Macleod Distillers/ Langley Distillery	不明	杜松子、柑橘皮和芫荽籽
LONDON N°1 ORIGINAL BLUE GIN		西班牙	47		Gonzalez Byass	13	杜松子、歐白芷根、肉桂、杏仁、芫荽
LOOPUYT 1772 DRY GIN		荷蘭	45.1	2014	P. Loopuyt & Co Distillers	12	杜松子、薰衣草、小豆蔻、肉豆蔻、金雞鈉、芫荽、覆盆子、柳橙、柚子、印加漿果、桑葚、枸杞
LUBUSKI GIN	Classic Gin	波蘭	40	1987	Henkell & Co Vinpol/ Lubuski Distillery	14	杜松子、芫荽、歐白芷根、柑橘皮、甘草、桂皮、苦杏仁、小豆蔻、肉桂、八角、孜然、菖蒲（香桃木）、金盞花、月桂葉
	Lime Gin		40				
M5 GIN		西班牙	48		Bodegas Vinícola Real	26	
MG 1835 ORIGINAL DRY GIN		西班牙	43		Destilerías MG	不明	
MACARONESIAN (WHITE) GIN		西班牙	40		Destileria Santa Cruz	不明	杜松子、小豆蔻、歐白芷根、甘草、檸檬皮、橙皮
MADAME GENEVA GIN BLANC		德國	44.4		Kreuzritter GmbH	3	

酒名	衍生產品	產地	酒精濃度（%）	年份	品牌／釀酒廠	藥草植物數量	（已知）藥草植物項目
MADAME GENEVA GIN BLANC	Madame Geneva Rouge Gin		41.9			46	
MAGELLAN BLUE GIN		法國	44		Angeac Distillery	11	丁香、肉桂、芫荽、小豆蔻、鳶尾根及花、桂皮、甘草、杜松子、橙皮、天堂籽、肉豆蔻
MARTIN MILLER'S DRY GIN		英國	40	1999	The Reformed Spirits Co	10	佛羅倫斯鳶尾、杜松子、桂皮、甘草、芫荽、鳶尾根、苦橙皮、檸檬皮、萊姆皮、小黃瓜
	Martin Millers, 'Westbourne Strength,' Dry Gin		45.2	2003			
MASCARO GIN 9		西班牙	40	2010	Antonio Mascaro	1	杜松子
MASONS YORKSHIRE DRY GIN		英國	42		Karl Mason	不明	
MASTER'S SELECTION		西班牙	40		Destilerías MG	不明	
MAYFAIR LONDON DRY GIN		英國	40		Mayfair Brands/ Thames Distillery	5	杜松子、芫荽、歐白芷根、鳶尾、香薄荷
MEYER'S GIN M1		比利時	38	2014	Spirits By Design	不明	杜松子、奇異莓
	Mayer's Gin M2		43	2015		不明	杜松子、蘆筍
MIKKELLER BOTANICAL GIN		丹麥	44		Mikkeller Spirits/ Braunstein	不明	杜松子、香茅、歐白芷根、小豆蔻、柳橙、啤酒花
MOMBASA CLUB LONDON DRY GIN		英國	41.5		Imperial British East Africa Company	不明	杜松子、歐白芷根、芫荽籽、桂皮
	Mombasa Colonel's Reserve						
MONKEY 47 DRY GIN		德國	47		Black Forest Distillers	47	
	Monkey 47 Sloe Gin		47				
	Monkey 47 Distillers Cut		47				
MONOPOLOWA VIENNA DRY GIN		奧地利	44		Altvater Gessler - J.A. Baczewski	不明	葛縷子籽、芫荽籽、小茴香籽、薑、檸檬皮和橙皮
MRDC RIVER ROSE GIN		美國	40		Mississippi River Distillery	不明	杜松子、柑橘、薰衣草、玫瑰花瓣、小黃瓜
MYER FARM GIN		美國	42.7		Myer Farm Distillers	10	杜松子、芫荽、肉桂和柑橘
MYRTLE GIN (10YO)		蘇格蘭	47		Spirit of the Coquet	不明	諾森伯蘭香桃木
N GIN VLC		西班牙	39		DHV Destilados	10	杜松子、柳橙、檸檬、橘子、玫瑰花瓣、甘草、芫荽籽、歐白芷根、小豆蔻、鼠尾草
	N gin two						
NB GIN		蘇格蘭	42	2013	NB Distillery Ltd	8	杜松子、芫荽、歐白芷根、天堂籽、檸檬皮、桂皮、小豆蔻、紫羅蘭根
NEW AMSTERDAM GIN		美國	40		New Amsterdam Spirits Co	20	

酒名	衍生產品	產地	酒精濃度（%）	年份	品牌／釀酒廠	藥草植物數量	（已知）藥草植物項目
NGINIOUS SWISS BLEND GIN		瑞士	45	2014	Oliver Ullrich & Ralph Villiger	18	
	Nginious Vermouth Cask Finish Gin		43				
N°0 LONDON DRY		西班牙	41		Number Zero Drinks	11	杜松子、芫荽、歐白芷根、薰衣草、鳶尾、肉桂、祕魯金雞鈉（內含奎寧）
N°209 GIN		美國	46		Distillery N°209	8 到 11 之間	杜松子、香柑、柳橙、檸檬皮、小豆蔻莢、桂皮、歐白芷根、芫荽籽
N°3 LONDON DRY GIN		荷蘭	46		De Kuyper Royal Distillers	6 種	杜松子、橙皮、葡萄柚、歐白芷根、芫荽籽、小豆蔻
NOG gin		比利時	46	2014	Ben Bruyneel	不明	杜松子、啤酒花、罌粟、芫荽、柳橙、檸檬、可可
NOLET'S DRY GIN SILVER		荷蘭	47.6		Nolet Distillery	不明	土耳其玫瑰、桃子、覆盆子
	Nolet's Dry Gin - The Reserve	荷蘭	52.3				
NORDÉS GIN		西班牙	40		Atlantic Galician Spirits	不明	馬鞭草、檸檬皮、尤加利葉、鼠尾草、杜松子、小豆蔻、奎寧、薑、木槿、甘草、茶葉
NORTH SHORE DISTILLER'S GIN	N°6 & N°11	美國	45	2007	North Shore Distillery	不明	
NOTEWORTHY GIN		加拿大	43		The Dubh Glas Distillery	不明	
NUT GIN		西班牙			Emporda	13	杜松子、芫荽、小豆蔻、歐白芷根、檸檬皮、橙皮、綠胡桃、芳香肉豆蔻、迷迭香、百里香、橄欖樹葉、肉桂、甘草
NUTMEG GIN		奧地利	44		Oliver Matter/ Erlebnis Brennerei	不明	
O WANNBORGA GIN		瑞典	40.1		Destileria Wannborga	8	杜松子、歐白芷根、芫荽、小豆蔻、肉豆蔻、肉桂、白胡椒、檸檬皮、苦橙皮
OLD BUCK GIN		南非	43		Henry Tayler & Ries Ltd	不明	
OLD ENGLISH GIN		英國	44		Hammer & Son	不明	
OLD LADY'S GIN		法國	40		Marie Brizard	不明	
OLIVER CROMWELL 1599 PREMIUM GIN		荷蘭	40		Aldi Stores Ltd.	不明	
OMG GIN		捷克	45		ZUSY Ltd	16	杜松子、萊姆、檸檬香蜂草、薰衣草、天堂籽、芫荽、歐白芷根、菖蒲
ONE KEY GIN		新加坡	40		Abnormal Group Singapore	不明	杜松子、薑、芫荽、異國風味植物萃取
ONLY GIN		西班牙	43		Campeny Destilleries	11	杜松子、茉莉、婆婆納、紫羅蘭、玫瑰花瓣、薰衣草、橙花、錦葵、三色菫、檸檬香蜂草、木槿

酒名	衍生產品	產地	酒精濃度（%）	年份	品牌／釀酒廠	藥草植物數量	（已知）藥草植物項目
OPIHR ORIENTAL SPICED LONDON DRY GIN		英國	40		Quintessential Brands/G&J Greenall Distillers	本文記載有 6 種	杜松子、尾胡椒、黑胡椒、芫荽
ORIGIN SINGLE ESTATE LONDON DRY GIN	英國	英國	40		Master of Malt	1	杜松子
	克羅埃西亞						
	馬其頓						
	阿爾巴尼亞						
	科索沃						
	保加利亞						
	義大利						
OXLEY DRY GIN		英國	47		Oxley Spirits Co	不明	
PALLADIAN DRY GIN		英國	40		Mayfair Distillery	不明	
PALMERS LONDON DRY GIN		英國	40		Alcohols Ltd/ Langley Distillery	10	不明
PÈRE ALBERT GIN		比利時	41.8	2014		5	杜松子、芫荽、孜然、萊姆、玫瑰葉
PERRY'S TOT NAVY GIN		美國	57		New York Distilling Company	8	杜松子、肉桂、小豆蔻、八角、檸檬、柳橙及葡萄柚皮、野花蜂蜜
PH. COLLET GIN		比利時	46		Phillip Collet/de Moor Distillery	11	杜松子、迷迭香、柳橙蘋果、綠茶、芫荽
PINCKNEY BEND GIN		美國	46.5		Pinckney Bend Distillery	9	杜松子、芫荽籽、鳶尾根、歐白芷根、甘草以及三種不同的乾燥柑橘
PINK 47 GIN		英國	47		Old St Andrews Ltd	10	杜松子、芫荽、歐白芷根（2）、檸檬皮、橙皮、鳶尾根、甘草、杏仁、桂皮、肉豆蔻
PINK CLOUD GIN		比利時	45	2014	Bosteels Brewery		
PJ DRY GIN		比利時	40	2014	PJ Frooninckx / Belgian Spirits Company	不明	杜松子、穀物、柳橙
	PJ Elder flower Gin		40			不明	杜松子、穀物、柳橙、接骨木莓、檸檬
PLATU LONDON DRY GIN		英國	39		Platu Premium Spirits	10	杜松子、芫荽籽、鳶尾根、甘草、歐白芷根、肉桂、肉豆蔻、柳橙、桂皮、檸檬
PLYMOUTH GIN		英國	41.2		Plymouth Distillery	不明	
	Plymouth Gin Navy Strength		57				
PLYMOUTH GIN	Plymouth Sloe Gin						
POPPIES GIN		比利時	40		Stokerij Rubbens	不明	罌粟
PORTOBELLO ROAD N°171 LONDON DRY GIN		英國	42		Jake Burger/ Thames Distillers Ltd	不明	

酒名	衍生產品	產地	酒精濃度（%）	年份	品牌／釀酒廠	藥草植物數量	（已知）藥草植物項目
PORT OF DRAGONS		西班牙	44		Premium Distillery	不明	杏仁、歐白芷根、八角、小豆蔻、芫荽、薑、榛果、木槿、杜松子、檸檬、萊姆、甘草、肉豆蔻、柳橙、罌粟、玫瑰、香草、小茴香
PROFESSOR CORNELIUS AMPLEFORTH'S BATHTUB GIN		英國	43.3		Master of Malt	不明	杜松子、橙皮、芫荽、肉桂、丁香、小豆蔻
RAFFLES LONDON DRY GIN		蘇格蘭	40		William Maxwell Distillery	13	杜松子、芫荽籽、歐白芷根、柳橙和檸檬皮、桂皮、薑、肉豆蔻、甘草根、杏仁、肉桂皮、小茴香及小豆蔻籽
RANSOM OLD TOM GIN (6-9MO)		美國	44		Ransom Spirits	6	杜松子、橙皮、檸檬皮、芫荽籽、小豆蔻莢、歐白芷根
REVAL DRY GIN		西班牙	40		Remedia Distillery	不明	
REVENGE NAVY GIN		義大利	57				杜松子、芫荽、小豆蔻、鳶尾根、檸檬、紅醋栗
RIGHT GIN 0.7L		瑞典	40		Altamar Brands/ Right Distillery	不明	香柑
ROARING FORTIES GIN		紐西蘭	40		South Pacific Distillery	不明	
ROBY MARTON'S GIN		義大利	47	2014	Roby Marton / Bassano del Grappa	10	杜松子、柑橘、肉桂、甘草、八角籽、玫瑰胡椒、辣根、薑、紅色水果、丁香
ROB'S MTN GIN		美國	44		Spring44 Distilling I	不明	杜松子、芫荽、鳶尾根、橙皮、泰國青檸葉、羅勒、薄荷、獨角獸的眼淚琴酒
ROUNDHOUSE GIN		美國	47		Roundhouse Spirits	不明	杜松子、芫荽、柑橘皮、八角、歐白芷根、鳶尾根、煎茶、薰衣草、木槿、洋甘菊
	Roundhouse Imperial Barrel Aged Gin (10M)						
SACRED GIN		英國	40		Sacred Spirits Company	12	杜松子、柑橘、小豆蔻、肉豆蔻、乳香
	Sacred Cardamom Gin						
	Sacred Orris Gin						
SAFFRON GIN		法國	40		Gabriel Boudier	不明	杜松子、番紅花、芫荽、檸檬、橙皮、歐白芷根籽、鳶尾、茴香
SALICORNIA OCEAN/ TIDES GIN		西班牙	40		Blanc Gastronomy	11	杜松子、龍膽、芫荽、歐白芷根、馬鞭草（檸檬馬鞭草）、肉桂、柳橙、檸檬、柑橘、苦橙、香柑、海蘆筍
SANTAMANIA GIN		西班牙	41		Santa Mania Distillery	10	杜松子、李子、葡萄、芫荽、肉桂、小豆蔻、萊姆、檸檬、歐白芷根、覆盆子
SEAGRAM'S EXTRA DRY GIN		美國	40		Seagram & Sons	不明	
	Distiller's Reserve (6MO)		51	2006			
SEARS CUTTING EDGE GIN		德國	44		MBC International Premium Brands	不明	

酒名	衍生產品	產地	酒精濃度（%）	年份	品牌／釀酒廠	藥草植物數量	（已知）藥草植物項目
SECRET TREASURES GIN 'OLD TOM STYLE'		德國	40		Haromex	不明	
SHARISH GIN		葡萄牙	40		Antonio Cuco	7	杜松子、蘋果、芫荽、柑橘、香草、肉桂、檸檬馬鞭草
SHORTCROSS GIN		愛爾蘭	46		Rademon Estate Distillery	不明	杜松子、接骨木莓、蘋果、柳橙、芫荽籽、桂皮
SIKKIM INDIAN BRITISH TEA	Private	西班牙	40				杜松子、紅茶、花香香精、芫荽
	Bilberry		40				杜松子、紅茶、花精、黑莓、藍莓、芫荽、鳶尾、菖蒲、苦橙皮
SIPSMITH LONDON DRY GIN		英國	41.6	2009	Sipsmith Distillery	10	馬其頓杜松、保加利亞芫荽籽、法國歐白芷根、西班牙甘草根、義大利鳶尾根、西班牙杏仁粉、中國桂皮、馬達加斯加肉桂、塞維亞柳橙、西班牙檸檬皮
	Sipsmith Sloe Gin		29				
	Sipsmith Summer Cup		29				
	Sipsmith VJOP (Very Juniper Over Proof)		52				
	Sipsmith Blue Label		44.1				
SIX RAVEN GIN		德國	46		Alandia & Co	不明	
SKIN GIN		德國	42		Martin Jens & Mathias Rüsch	7	杜松子、芫荽、萊姆、檸檬、柚子、柳橙、摩洛哥薄荷
SLOANE'S DRY GIN		荷蘭	40		Toorank Distilleries	9	柳橙、歐白芷根、鳶尾根、芫荽籽、杜松子、香草、小豆蔻、甘草、檸檬
SMOOTH AMBLER BARREL AGED		美國	49.5		Smooth Ambler Spirits	不明	
SOUTH GIN		紐西蘭	48.2	2005	42Below	9	杜松子、檸檬、柳橙、芫荽籽、歐白芷根葉、鳶尾根、龍膽根、麥盧卡莓、卡瓦胡椒
(THE) SPECTATOR GIN		英國	42.4		The Spectator Magazine	不明	杜松子、伯爵茶、檸檬香蜂草
SPIRIT HOUND GIN		美國	42		Spirit Hound Distillers	9	杜松子、茴香籽、四川花椒、丁香、肉桂、八角
SPRING GIN		比利時	40		Manuel Wouters/ Filliers Graanstokerij	13	芫荽、檸檬及橙皮、八角、黑胡椒、小豆蔻、薑、大黃、松芽、精美橙花、肉桂、歐白芷根
	Spring Gin Gentleman's Cut		48.8				
	Spring Gin Ladies' Edition		38.3				
	Spring Black Pepper			2014			
	Spring Mediterannée			2015			
SPRING 44 GIN		美國	44		Spring44 Distilling Inc	4	杜松子、芫荽、肉豆蔻、龍舌蘭糖漿

酒名	衍生產品	產地	酒精濃度（%）	年份	品牌／釀酒廠	藥草植物數量	（已知）藥草植物項目
SPRING 44 GIN	Old Tom gin		44				杜松子、芫荽、香茅、鳶尾根、柚子、迷迭香、高良薑
	Mountain gin		44				
SQUARE MILE LONDON DRY GIN		英國	47		City of London Distillery	8	
STEED GIN		英國	44		Cial. Fuente Anguila Ltd	不明	杜松子、芫荽、歐白芷根、檸檬皮、橙皮、肉桂、小豆蔻、佛羅倫斯百合
ST GEORGES GIN	Terroir Gin	美國	45		St George Spirits	不明	道格拉斯冷杉、加州月桂、海岸鼠尾草
	Botanivore Gin		45			19	歐白芷根、月桂、香柑、黑胡椒、葛縷子、小豆蔻、芫荽、肉桂、西楚啤酒花、芫荽、蒔蘿籽、小茴香籽、薑、杜松子、檸檬皮、萊姆皮、鳶尾根、塞維亞橙皮、八角
	Dry Rye Gin		45			不明	裸麥
STUDER SWISS ORIGINAL GIN		瑞士	40			不明	杜松子、香茅、歐白芷根、尾胡椒、薰衣草、芫荽、薑
	Studer Swiss Golden Snow Gin		40			不明	額外加入：金箔
SUAU GIN		西班牙	43		Bodega Suau/ Bodegas y Destillerias de Mallorca		柳橙、檸檬、杏仁、杜松子、芫荽、歐白芷根、鳶尾、甘草根
SYLVAN GIN		美國	47		Koval Distillery	13	杜松子、柑橘、白胡椒
SW4 GIN		英國	40	2009	Park Place Drinks Ltd/ Thames Distillery	12	杜松子、檸檬、柳橙、芫荽、香薄荷、鳶尾粉、肉桂、桂皮、肉豆蔻、杏仁、甘草根、歐白芷根
TANN'S GIN		西班牙	40	1977	Campeny Destilleries	10	杜松子、芫荽、小黃瓜、玫瑰花瓣、小豆蔻、橘皮、橙花、檸檬皮、甘草、覆盆子
TANQUERAY DRY GIN		英國	40		Diageo	4	機密
	Tanqueray N° Ten Dry Gin		47.3	2000			
	Tanqueray Dry Gin Rangpur		47.3	2006			
	Tanqueray Malacca			1997			
	Tanqueray Old Tom		46	2014			
TARQUIN'S DRY GIN		英國	42		South Western Distillery	12	杜松子、柳橙皮屑、德文郡紫羅蘭
TASMANIAN GODFATHER GIN		澳洲	40		Lark Distillery	不明	山胡椒莓
TELSER LIECHTENSTEIN DRY GIN		列支敦斯登	47		Telser Brennerei	11	杜松子、芫荽、歐白芷根、肉桂、薑、檸檬皮、柳橙（苦／庫拉索）、洋甘菊、薰衣草、接骨木莓
THE BITTER TRUTH PINK GIN		德國	40		The Bitter Truth	不明	
	The Bitter Truth Sloeberry Blue Gin		28				

酒名	衍生產品	產地	酒精濃度（%）	年份	品牌／釀酒廠	藥草植物數量	（已知）藥草植物項目
THE BOTANICAL'S LONDON DRY GIN		英國	42.5		Langley Distillery	14	杜松子、芫荽、桂皮、柳橙、檸檬、肉桂、鳶尾、歐白芷根、甘草、肉豆蔻、葡萄柚、檸檬花、橙花
THE BOTANIST DRY GIN		蘇格蘭	46		Bruichladdich	22	鳶尾根、桂皮、芫荽籽
THE DUKE MUNICH DRY GIN		德國	45		The Duke Destillerie	13	杜松子、芫荽、檸檬皮、歐白芷根、薰衣草、薑、橙花、胡椒
THE EXILES IRISH GIN		英國	41.3		Protege International	不明	三葉草、紅花苜蓿、忍冬、歐洲山梨、香楊梅、杜松子
THE ORIGINAL		德國	43		Michael Scheibel	不明	
THE STING SMALL BATCH LONDON DRY GIN		英國	40			10	
THE TRADEWINDS 'CUTLASS' GIN		澳洲	50		Tailor Made Spirits Company	不明	檸檬香楊梅
THREE CORNERS VAN WEES DRY GIN		荷蘭	42		Van Wees	不明	
TORK GIN		義大利	42.8		F&G	不明	杜松子、芫荽、鳶尾根、柑橘
TWO BIRDS COUNTRYSIDE LONDON DRY GIN		英國	40	2012	Union Distillers Ltd	不明	
UNCLE VAL'S BOTANICAL GIN		美國	43		35 Maple Street	5	杜松子、小黃瓜、薰衣草、檸檬、鼠尾草
UNGAVA PREMIUM CANADIAN GIN		加拿大	43.1		Ungava Gin Co	6	岩高蘭、野薔薇果、加茶杜香、小葉杜香、雲莓
UNTITLED RESERVE GIN		德國	41.5		Gebr. Both	不明	
	Untitled Old Tom Gin		41.5				
	Untitled Sloe Gin		28				
UPPERCUT GIN		比利時	49.6		Manuel Wouters/ Zuidam Distillers	不明	杜松子、甘草、馬鞭草、草莓葉、達米阿那葉、蕁麻
V2C DUTCH DRY GIN		荷蘭	42			10	杜松子、柳橙、甘草、月桂葉、薑、芫荽、歐白芷根、小豆蔻、檸檬、金絲桃
	V2C Oaked Dutch Dry Gin		42			不明	
	V2C Orange Dutch Dry Gin		42			不明	
	V2C Sloe Dutch Dry Gin		42			不明	
VAN GOGH GIN		荷蘭	47	1999	Royal Dirkzwager Distilleries	10	芫荽、甘草、歐白芷根、杜松子、天堂籽、杏仁、檸檬、桂皮、鳶尾、尾胡椒
VALLENDAR PURE GIN		德國	40		Brennerei Hubertus Vallendar	不明	
VIBE GIN		比利時	43	2014	Vibe Distillers	不明	杜松子、八角、薑、茉莉、柳橙、檸檬
VL-92 GIN		荷蘭	41.7	2011	Van Toor Distileerderij	不明	新鮮芫荽葉

酒名	衍生產品	產地	酒精濃度（%）	年份	品牌／釀酒廠	藥草植物數量	（已知）藥草植物項目
VONES GIN		西班牙	40		LAJ Spirits	11	杜松子、芫荽、歐白芷根、檸檬皮、橙皮、甘草根、桂皮、肉桂、肉豆蔻、鳶尾、栗子
VOORTREKKER DUTCH GIN		荷蘭	40		Unique Brands	8	杜松子、甘草、香草、歐白芷根、薑、柳橙、檸檬皮、芫荽籽
VOR PREMIUM GIN		冰島	47		Eimverk Distillery	不明	杜松子、冰島苔蘚、岩高蘭
VORDING GIN CEDAR WOOD INFUSED		荷蘭	44		Thomas Vording	4	杜松子、柳橙、肉桂、西洋杉
VOYAGER SMALL-BATCH DRY GIN		美國	42		Pacific Distillery	不明	杜松子、鳶尾根、柑橘、歐白芷根、小豆蔻、桂皮
WANNBORGA O-GIN		瑞典	40.1		Wannborga Bränneri	9	杜松子、芫荽、白胡椒
WARNER EDWARDS HARRINGTON GIN		英國	44		Falls Farm	11	杜松子、接骨木莓
WENNEKER ELDERFLOWER GIN		荷蘭	40		Wenneker Distilleries	6	杜松子、接骨木莓、芫荽、橙皮、檸檬皮、萊姆花
WESTWINDS GIN	The Sabre	澳洲	40		Gidgegannup Distilleries	12	杜松子、萊姆皮、檸檬香桃木、百合籽
	The Cutlass		50			不明	杜松子、肉桂香桃木、澳洲番茄
WHITE LAYDIE GIN		美國	40		Montgomery Distillery	不明	杜松子、柑橘、鳶尾根、歐白芷根、小豆蔻
WHITLEY NEILL DRY GIN		英國	42	2005	Whitley Neill Ltd/ The Sovereign Distillery	7	猢猻木果、燈籠果
WINDSPIEL PREMIUM DRY GIN		德國	47		Eifelion	不明	
WINT & LILA GIN		西班牙	40		Casalbor Wines & Spirits	10	杜松子、芫荽、歐白芷根、肉桂、柳橙、檸檬、橙花、薄荷
WOOD'S TREELINE GIN		美國	40	2012	Wood's High Mountain Distillery	不明	
	Treeline Barrel Rested Gin		45	2014			
	Mountain Hopped Gin		45.75	2015			
XELLENT GIN		瑞士	40		Diwisa Distillery	27	杜松子、高山火絨草、檸檬香蜂草、薰衣草、瑞士裸麥
XORIGUER GIN		西班牙	38		Destillerias Xoriguer	機密	
ZEPHYR GIN	Blu Gin	英國	40		Zephyr Imports	不明	接骨木莓、梔子花
	Black Gin		44			不明	外來藥草植物
ZUIDAM DRY GIN		荷蘭	43.5		Zuidam Distillers	9	歐白芷根、小豆蔻、芫荽籽、鳶尾根、杜松子、檸檬皮和橙皮
	Zuidam Dutch Courage		44.5				
	Dutch Courage Aged 88 Gin (9M)		44				

酒名	衍生產品	產地	酒精濃度（%）	年份	品牌／釀酒廠	藥草植物數量	（已知）藥草植物項目
ZUIDAM DRY GIN	Dutch Courage Old Tom's Gin		40				

酒名	衍生產品	產地	酒精濃度（%）	年份	品牌／釀酒廠	藥草植物數量	（已知）藥草植物項目

酒名	衍生產品	產地	酒精濃度（%）	年份	品牌／釀酒廠	藥草植物數量	（已知）藥草植物項目

酒名	衍生產品	產地	酒精濃度（%）	年份	品牌／釀酒廠	藥草植物數量	（已知）藥草植物項目

酒名	衍生產品	產地	酒精濃度（%）	年份	品牌／釀酒廠	藥草植物數量	（已知）藥草植物項目

酒名	衍生產品	產地	酒精濃度（%）	年份	品牌／釀酒廠	藥草植物數量	（已知）藥草植物項目

酒名	衍生產品	產地	酒精濃度（%）	年份	品牌／釀酒廠	藥草植物數量	（已知）藥草植物項目

酒名	衍生產品	產地	酒精濃度（%）	年份	品牌／釀酒廠	藥草植物數量	（已知）藥草植物項目

字順索引

類型字順索引

430